普通高等教育"十四五"规划教材

U0184078

Python 程序设计简明教程

王淑琴◎主　编
丁仁伟　超木日力格◎副主编

中国铁道出版社有限公司
CHINA RAILWAY PUBLISHING HOUSE CO., LTD.

内 容 简 介

　　本书采用任务驱动模式介绍 Python 程序设计语言，紧密围绕信息管理系统的各个模块展开案例的设计，通过典型案例引出 Python 语言的相关高频知识点。全书共分 9 章，前 8 章分别为 Python 概述、程序基本结构、组合数据类型（列表、元组和字典）、函数、文件、面向对象编程、图形用户界面设计和数据分析及可视化。最后 1 章是管理系统综合案例，通过面向过程和面向对象两种设计方法给出了具体的设计方案。

　　本书打破了常规的散点式案例的语言学习模式，采用"全局—局部—全局"的结构模式设计教学内容，以开发信息管理系统为学习 Python 语言的切入点，以具体问题需求驱动语言知识的学习，通过"整体案例—分解任务—综合任务点"的模式系统介绍 Python 语言的核心语法内容，使读者能够从解决问题的角度掌握程序设计的基本思路，学会 Python 语言的高频知识点。

　　本书适合作为高等院校非计算机专业程序设计课程的教材，也可以作为 Python 程序设计爱好者的入门参考书。

图书在版编目（CIP）数据

Python 程序设计简明教程/王淑琴主编. —北京：中国
铁道出版社有限公司，2021.1（2021.9 重印）
普通高等教育"十四五"规划教材
ISBN 978-7-113-27669-0

Ⅰ.①P… Ⅱ.①王… Ⅲ.①软件工具-程序设计-高等
学校-教材 Ⅳ.①TP311.561

中国版本图书馆 CIP 数据核字(2020)第 273161 号

书　　名：	Python 程序设计简明教程
作　　者：	王淑琴

策　　划：	魏　娜	编辑部电话：(010) 63549508
责任编辑：	陆慧萍　包　宁	
封面设计：	刘　颖	
责任校对：	苗　丹	
责任印制：	樊启鹏	

出版发行：	中国铁道出版社有限公司（100054，北京市西城区右安门西街 8 号）
网　　址：	http://www.tdpress.com/51eds/
印　　刷：	北京铭成印刷有限公司
版　　次：	2021 年 1 月第 1 版　2021 年 9 月第 2 次印刷
开　　本：	787 mm×1 092 mm　1/16　印张：11.5　字数：272 千
书　　号：	ISBN 978-7-113-27669-0
定　　价：	35.00 元

前　言

随着大数据、人工智能和虚拟现实等技术的兴起，我们已经步入智能时代，编程能力已经成为时代的基本要求。

程序设计语言是编程的工具，学习语言的目的是通过编程解决实际问题。Python作为当今主流的程序设计语言之一，其使用率呈线性增长，已经成为智能时代的头牌语言。Python语言的设计贯穿着优雅、简单的哲学理念，以至于有"人生苦短，我用Python"的说法。Python不仅简单易学，而且有功能丰富而强大的第三方库。

多年前，国外很多大学（例如麻省理工、哈佛大学、加州大学伯克利分校等）就把Python作为计算机专业或非计算机专业的程序设计入门教学语言。随着社会需求的增加，近几年，国内有几百所高等院校也陆续开设了Python程序设计相关课程，对于初学编程的本科生来说，Python作为编程入门语言是非常合适的选择。

本书编者作为教学一线的老师，长期从事程序设计语言的教学研究工作，积累了丰富的教学经验，非常熟悉初学者在编程中遇到的各种问题，编写本书的核心理念是使学生学会用Python语言解决实际编程问题。

本书内容

全书分为9章，第1章主要介绍Python的特点、安装、使用和程序设计方法。第2章主要介绍面向过程设计方法中的三大基本结构。第3章介绍常用的组合数据类型：列表、元组和字典。第4章介绍函数的定义和使用。第5章介绍文件的特点和基本操作，重点介绍了文本文件和CSV格式文件的处理方法。第6章介绍了面向对象编程的基本概念及三大特征。第7章介绍了图形用户界面设计工具——tkinter。第8章是数据分析及可视化，重点介绍数据分析和可视化中常用的第三方库：NumPy库和Matplotlib库。第9章介绍了管理系统综合案例，通过面向过程和面向对象两种程序设计方法给出了具体的设计方案。

本书特点

（1）采用从局部到整体的任务驱动模式学习语言语法。

（2）对于语言语法的介绍不追求大而全，而是围绕问题需求设计案例，精选实用的内容。

（3）通过案例的源代码展开Python高频知识点的介绍，侧重于培养编程的思维能力。

（4）在案例设计方面，打破了常规的散点式案例模式，各章节案例紧密围绕信息管理系统的各个模块进行设计，便于提高读者对零散语言内容的综合运用能力。

（5）重点章节设计了拓展练习，并配有自学提示。

（6）书中的核心内容简洁而紧凑，部分知识点的详细介绍采用附录的形式，便于读者进行查阅。

编写分工

本书由中央民族大学王淑琴任主编，丁仁伟和超木日力格任副主编。王淑琴编写第1、2、6和9章，丁仁伟编写第3、4和5章，超木日力格编写第7、8章。在整个编写过程中，得到了中央民族大学公共计算机教学部主任赵洪帅老师的大力支持和帮助，在此表示衷心的感谢。

由于时间仓促，编者水平有限，书中难免存在疏漏与不妥之处，敬请广大读者批评指正。欢迎读者将本书的不足之处提供给作者，联系邮箱 wangxuan1977@126.com。

编　者
2020年11月

目　录

第1章
Python 概述

用计算机程序解决问题，首先是人设计出解决问题的思路，然后使用程序语言编写程序，最后让计算机执行程序。程序的设计和编写者是人，程序的执行者是计算机。为了人机之间能够顺畅的交流，诞生了多种高级程序设计语言。其中，Python 就是当今流行的高级程序设计语言之一。

学习目标

通过本章的学习，应该掌握以下内容：
（1）Python 的特点。
（2）如何安装 Python。
（3）IDLE 的使用方法。
（4）程序设计的基本方法。

1.1　Python简介

Python 是由荷兰人 Guido van Rossum 研发的一种面向对象的、解释型高级编程语言。自正式发布开始，Python 的使用率呈线性增长。2019 年 9 月 IEEE Spectrum 发布的研究报告显示，在编程语言排行榜中，Python 稳居榜首并连续三年夺冠。其实，Python 在国外早已普及，Python 在国内的使用热情是最近几年才高起来，并正处于快速上升期，人工智能的兴起让 Python 语言更加火热。

1.1.1　Python的特点

Python 语言的设计贯穿着优雅、简单的哲学理念，以至于有"人生苦短，我用 Python"的说法。为了提升编程的效率，Python 从一定程度上牺牲了性能，让程序员不必关注底层细节，把精力全部放在程序思路的设计上。正如《Python 编程快速上手》（简体中文版，人民邮电出版社，AI Sweigart 著，王海鹏译）所提到的那样，Python 为你提供了自动化处理琐碎事务的能力，让你专注于更令人兴奋和有用的事情上。总结起来，Python 语言的主要特点包括：

● 简洁友好：对初学者来说，入门快。

- **可扩展性**：可以将其他语言制作的模块（尤其是 C++）很轻松地联结在一起。
- **可嵌入性**：Python 可以嵌入到 C、C++中，为其提供脚本功能。
- **免费开源**：Python 是开放源码软件，允许自由发布。
- **可移植性**：Python 可以运行在不同的平台上。
- **丰富的库**：Python 拥有许多功能丰富和强大的库。
- **面向对象**：Python 是完全面向对象的语言，也支持面向过程。

对于初学者来说，学习 Python 可以快速打开通往编程之路的大门，感受程序的优美与强大。对于经验丰富的程序员，学习 Python 意味着在已有的"武器库"中增加一个崭新的、强大而有力的工具。

1.1.2 Python的版本

Python 语言于 1989 年底研发完成，第一个公开版本于 1991 年发行。目前，Python 有 2.x 和 3.x 两个不同系列的版本，其中，x 表示小版本号。目前，Python 2.x 和 3.x 中的最新版本分别是 3.8.3 和 2.7.18。

为了避免累赘，Python 3.x 版本不支持向下兼容，许多使用 Python 2.x 版本设计的程序无法迁移到 Python 3.x 上运行。Python 开发团队也无法短时间内把 Python 2.x 的所有项目和类库都转到 Python 3.x 上面，所以，两个版本保持并行开发和维护的状态。但 Python 3 系列的更新速度远快于 Python 2 系列，2020 年元旦，Python 官方正式停止对 Python 2 的支持和维护。对现在刚开始学习 Python 的读者，建议直接选择使用 Python 3 的稳定版本。

1.1.3 Python的应用领域

学习任何一门程序设计语言的目的，都是编写满足具体需求的程序，进而解决实际问题。Python 作为当今主流的程序设计语言之一，不仅简单易学，而且功能强大，尤其是它不断补充和更新的第三方库，让 Python 能够满足多个应用领域的开发需求。

1. 网络编程

在互联网时代，网络编程几乎无处不在，尽管 PHP 和 JS 依然是 Web 开发的主流语言，但 Python 在网络编程方面的上升势头迅猛，尤其是随着 Python 的 Web 开发框架逐渐成熟（比如 Django、flask、TurboGears、web2py 等），程序员可以轻松地实现 Web 开发、搭建 Web 框架。利用框架可以快速地开发出各种 Web 应用，小到个人博客，大到商品化的产品，Python 的 Web 框架都能够胜任。

2. 人工智能

人工智能（Artificial Intelligence，AI）是当今研究的热点，Python 可以说是 AI 时代的头牌语言，它在人工智能领域内的机器学习、神经网络、深度学习等方面都有天然的优势。目前世界上优秀的人工智能学习框架，比如 Google 的 TransorFlow(神经网络框架)、FaceBook 的 PyTorch（神经网络框架）以及开源社区的 Karas 神经网络库等都是用 Python 实现的。

3．数据分析与运算

Python 在科学计算和数据分析领域也很活跃，它有非常成熟和优秀的第三方库，例如 NumPy、SciPy、Matplotlib、pandas 等，可以方便地进行数据处理、绘制高质量的 2D 和 3D 图像等。美国国家航空航天局（NASA）自 1997 年就大量使用 Python 进行各种复杂的科学运算。

4．网络爬虫

网络爬虫就是通过自动化的程序在网络中进行数据的采集及处理。Python 语言很早就被用来编写网络爬虫，它提供了很多服务于编写网络爬虫的工具，例如 urllib、Selenium 和 BeautifulSoup 等，还提供了网络爬虫框架 Scrapy。Google 搜索引擎公司就大量地使用 Python 编写网络爬虫，可以说 Python 在网络爬虫方面也占据着霸主的地位。

5．图形用户界面

图形用户界面（Graphical User Interface，GUI）给程序提供一种直观、友好的图形化人机交互方式，让程序的使用变得方便而友好，进而可以把成果分享给更多不懂程序的人。Python 在 GUI 程序设计方面也提供了强大的支持。比如，Python 内置的 tkinter 模块可以实现相对简单、交互不复杂的 GUI 程序；PyQt5/PySide2 是 Qt 的 Python 封装包，功能强大，可编写复杂的 GUI 程序。

除了上面介绍的几个主要应用领域，Python 在其他一些领域也有较多应用，比如网络安全，云计算、游戏开发、自动化运维等。

▌ 1.2　Python的安装

1.2.1　下载Python安装包

（1）打开官网 https://www.python.org，打开图 1-1 所示的页面。

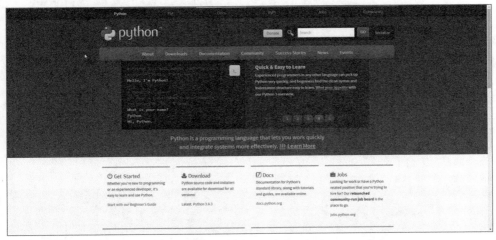

图1-1　Python官网主页

（2）由于 Python 是跨平台的，支持 UNIX、Windows 和 Macintosh 等操作系统，可以根据自己的操作系统下载相应的安装包。这里以在 Windows 操作系统下安装 Python 3.7.7 为例介绍安装过程。单击"Downloads"选项卡，在下拉列表中选择"Windows"，如图 1-2 所示。

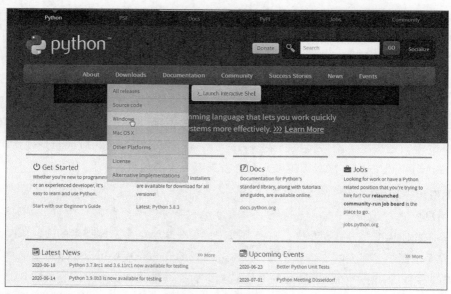

图1-2　官网下载

（3）打开图 1-3 所示的"Python Releases for Windows"页面，Stable Releases 是稳定发布版本的链接列表，Pre-releases 是预发布版本的链接列表。在 Stable Releases 列表中找到需要的版本，单击链接即可下载。

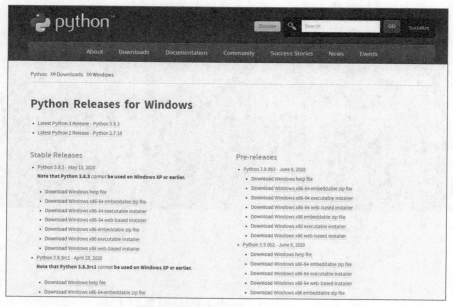

图1-3　Python Releases for Windows

（4）在图 1-4 所示的"Python 3.7.7 – March 10, 2020"列表中，单击链接"Windows x86–64 executable installer"，下载 Python 3.7.7 版本的 64 位离线安装包。

图1-4 Python 3.7.7下载链接

1.2.2 Python安装步骤

安装包下载成功后，双击安装文件，会打开图 1-5 所示的窗口，有两种安装方式：一种是默认安装方式，直接选择 Install Now 安装；另一种是自定义安装，选择 Customize installation。这里选择默认安装方式，记得选中"Add Python 3.7 to PATH"复选框，将 Python 的安装路径添加到系统路径下面，为后续使用 Python 提供便利。

安装过程会自动进行，直到看到图 1-6 所示的窗口，代表安装成功了。

图1-5 安装Python的开始界面

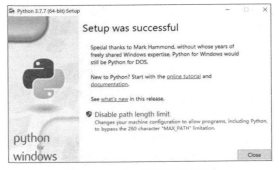

图1-6 Python安装成功界面

1.3 Python程序的开发环境

使用高级语言进行程序设计，通常要借助于专门的集成开发环境，它是为方便编程而设计的一套软件。在集成开发环境中，一般包括代码编辑器、编译器、调试器和图形用户界面等。

支持 Python 语言的集成开发环境有多种，比如 Pycharm、Spyder 和 Eclipse 等。由于各种集成开发环境的性能特点不同，在编程效率方面也有区别。

IDLE 是 Python 内置的集成开发环境，相对其他 Python 开发环境，IDLE 显得原始简陋些，但对初学者来说，IDLE 是不错的选择。首先它是 Python 自带的，不需要单独安装；再者 IDLE 没有集成扩展库，需要自行安装编程中用到的扩展库，可以让初学者得到很好地锻炼。

1.3.1 IDLE简介

IDLE（Integrated Development and Learning Environment）是 Python 内置的集成开发环境，支

持 Windows、UNIX 和 Mac OS 等多个操作系统。IDLE 提供了两种编程方式：交互方式和文件方式。

可以通过以下两种方式启动 IDLE：

（1）单击"开始"→"所有程序"→"Python 3.7" →"IDLE(Python 3.7 64-bit)"。

（2）双击桌面的快捷图标启动 IDLE。

IDLE 程序启动后，默认显示交互式窗口，如图 1-7 所示。

图1-7　IDLE交互式窗口

1.3.2　交互方式

在交互方式中，每次只能输入一条合法的 Python 语句，对于简单语句，按 1 次【Enter】键即可执行，对于复合语句，需要按 2 次【Enter】键才可以执行。

例如，在如图 1-8 所示的交互式窗口中，光标停在提示符"＞＞＞"后面，输入第 1 条语句：print("Welcome to Python！")，按【Enter】键，运行结果是 Welcome to Python；输入第 2 条语句：x=12，按【Enter】键，执行该语句没有输出结果，只是给 x 变量指定一个数据 12，同样，第 3 条语句是给 y 变量指定数据 13；输入第 4 条语句：print(x+y)，执行结果是：25；第 5 条语句：import math，其作用是导入数学库；第 6 条语句：print(math.sqrt(x+y))，功能是输出 x+y 开平方的结果；第 7 条是复合语句，由 for i in range(10):和 print(i+1)构成，输入完毕后，按 2 次【Enter】键可以看到运行结果：1~10 的整数。

图1-8　交互式编程实例

通过以上交互方式中的例子可以看出，语句代码和运行结果自动使用不同颜色的字体来标识。在 IDLE 默认的字体颜色中，运行结果用蓝色字体显示，字符串常量（例如"Welcome to Python"）用绿色字体，关键字或保留字（例如 import、for 和 in 等）用黄色字体，内置函数（例如 print、range 等）用紫色字体，其他内容使用黑色字体。

交互方式的优点是：可以快速体验 Python 的一些特性，执行效率高，报错及时，调试方便。其缺点是：一旦退出 IDLE，输入的代码就消失了，无法永久保存。

1.3.3 文件方式

文件方式是打开编辑窗口、编写程序代码并保存在文件中，再运行程序文件，结果显示在交互窗口中。具体操作过程如下：

（1）创建程序文件：在图 1-8 所示的窗口中，选择"File"，下拉列表中选择"New File"，打开文件编辑窗口，接下来输入程序的代码，将文件保存为 test.py。注意，Python 源程序文件的扩展名是.py 或.pyw。

（2）运行程序文件：在图 1-9 所示的编辑窗口中，选择"Run"，下拉列表中选择"Run Module"，运行 Python 源程序。

（3）查看运行结果：程序文件的运行结果，会显示在图 1-10 所示的交互窗口中。

图1-9　IDLE编辑窗口

图1-10　程序文件运行结果

文件方式的优点是：以文件方式存储代码，可以永久保存。另外，可以同时查看或编辑多个程序文件，处理方便。不足之处是：无法即时显示程序中间步骤的处理结果，一旦程序有错，调试就比较麻烦。

根据 IDLE 的两种编程方式，本书中的示例代码分为两类：有提示符">>>"的代码和没有提示符">>>"的代码。所有以提示符">>>"开头的代码需要用交互方式来验证。注意，代码前面的提示符">>>"不需要输入，直接输入代码，按【Enter】键即可。没有提示符">>>"的代码都要使用文件方式进行验证，即打开编辑窗口，创建一个源文件，输入书中的示例代码并保存文件，最后运行程序文件查看输出结果。

1.4　程序设计方法

目前主流的程序设计方法有两种：面向过程和面向对象。面向过程的程序设计方法采用以过程为中心的编程思想，按照问题发展的流程进行编程，对于大规模问题，通常将问题分解成若干相互独立的功能模块，基于函数机制进行编程。面向对象的程序设计方法采用以对象为中心的编程思想，按照系统与整体的关系表述进行编程，将程序中的数据与解决问题的算法进行封装，抽象成若干个类，最后基于类的对象进行编程。

1.4.1　面向过程的程序设计

在 20 世纪 60 年代后期，随着程序规模的不断变大，程序的可靠性越来越差，并且程序调试和维护都比较困难，程序设计陷入危机。为了解决"软件危机"问题，1969 年荷兰科学家 E.W.dijkstra 首次提出面向过程的程序设计概念，其核心思想是以模块设计为中心，将待开发的大型程序分解为若干个相互独立的小模块，每个模块完成相对独立而明确的部分功能。由于采用了模块分解、自顶向下和分而治之的方法，从而有效地将一个复杂的任务分解成若干易于控制和处理的子任务，这给程序的调试和维护提供了便利。

面向过程设计的基本思路是将整个问题按照自顶向下、逐步求精的方式解决，按照功能抽象将整个程序划分为若干个小模块，各个模块之间的关系尽可能简单，在功能上相对独立。

每个小的模块使用函数机制来实现，解决问题的关键集中在各个函数的设计与编写上，最后把所有的函数有机组合起来完成最终的任务。采用面向过程方法设计的程序可以看成是由若干函数构成的。

1.4.2　面向对象程序设计

随着用户需求和硬件的不断发展变化，当软件系统达到一定规模时，采用面向过程的方法，按照功能划分设计的模块不够稳定，可重用性不高。作为一种降低复杂性、提高代码可重用率的工具，面向对象的程序设计方法应运而生。

面向过程的程序设计方法以功能为中心描述问题，而面向对象的程序设计方法以数据为中心描述问题，把求解的问题看成是数据的集合，相对于功能而言，数据有更好的稳定性。

面向对象程序设计方法的核心概念是对象、封装和继承。通过对数据的辨别和划分，将问题分割为若干数据和操作封装在一起的对象，可以减少甚至避免外界的干扰，降低控制程序的复杂度。另外，继承机制可以大幅减少冗余代码，提高编码效率，减低出错概率。

在大型系统开发中，如果直接采用自底向上的面向对象设计方法，也会造成系统结构不合理、各部分关系失调等问题。通常会把两种程序设计方法结合起来使用，用面向过程方法进行自顶向下的整体划分，用面向对象方法做具体的代码实现，两种方法是相互依存、相互结合的关系。

第2章
程序基本结构

Python 语言完全支持面向对象的设计方法，同时也支持面向过程的设计方法。对于初学者，面向过程的程序设计方法更容易掌握，本章主要介绍面向过程方法中的三种基本结构：顺序结构、分支结构和循环结构。

学习目标

通过本章的学习，应该掌握以下内容：

（1）程序的 IPO 模型。

（2）输入（input）和输出（print）。

（3）分支结构：单分支、双分支和多分支。

（4）循环结构：while 语句和 for 语句。

2.1 顺序结构

解决问题的若干步骤组合在一起就构成了程序，计算机执行程序就是按照某种特定的顺序去执行相关步骤。

在顺序结构中，程序中的所有步骤按照出现的先后顺序依次被执行，每个步骤都会被执行且仅执行一次。

2.1.1 程序的IPO模型

如果将程序的基本构成按照最精简方式进行抽象概括，可以用 IPO 模型来描述它，其中，I（Input）代表输入，P（Process）代表处理，O（Output）代表输出。程序的 IPO 模型就是"输入—处理—输出"模型。

输入：主要是获取待处理的原始数据；处理：对原始数据做一系列的分析和运算；输出：将处理得到的最终结果输出到屏幕。三个基本步骤按照先后顺序依次进行，下面通过一个简单的例子来认识程序的 IPO 模型。

【例 2.1】计算并输出两个数的平均值。

这是一个简单的计算问题。其中，输入步骤从键盘读取两个数值，处理步骤计算两个数的平均值，输出步骤将平均值显示在屏幕上。解决该问题的 Python 代码如图 2-1 所示。

图2-1 程序的IPO模型

在整个 IPO 模型中，处理部分是核心。该问题中的处理部分只做了一步简单计算，很多实际问题中，处理部分会比较复杂，需要做一系列的分析、运算。通常把核心处理部分的步骤组合称为算法，算法是整个程序的灵魂。

2.1.2 算法的描述

算法是问题求解步骤的组合，为了便于厘清思路，减少算法中的逻辑错误，在用程序代码实现算法之前，通常借助于规范、易于理解的形式先把算法描述出来。常用的算法描述方法有：自然语言、流程图、伪代码等。其中，流程图是最常用的工具，它采用图形化的方式，不依赖语言，直观形象。表 2-1 给出了流程图中的基本图形符号及其功能描述。

表 2-1 流程图基本图形符号及其功能

图形符号	名　　称	功　　能
⬭	起止框	表示起始或结束
▱	输入输出框	表示输入或输出
◇	判断框	表示条件判断
▭	处理框	表示一个处理步骤（赋值、运算等）
↓ →	流程线	表示下一步的执行流向

下面以求解一元二次方程 $ax^2+bx+c=0$ 为例，介绍流程图的画法，方程中的系数值 a、b 和 c 从键盘输入。

（1）画一个圆角长方形（起止框），代表程序的开始。

（2）输入方程系数的值，绘制一个平行四边形（输入输出框），描述文字为：输入 a、b 和 c。

（3）计算判别式的值，绘制一个长方形（处理框），描述文字为 $d=b^2-4ac$ 即可。

（4）判断 d 的值是否大于 0，画一个菱形（判断框），表达式为 $d>0$。

（5）如果 $d>0$ 成立（Y 代表成立，N 代表不成立），计算方程的根，绘制长方形，描述文字为相应的求根公式。

（6）判断 d 的值是否等于 0，画一个菱形（判断框），表达式为 $d=0$。

（7）如果 $d=0$ 成立，选择一个分支求根，否则，选择另一个分支求根。方程求根步骤用长方形表示，描述文字为相应的求根公式。

（8）输出方程的根，绘制平行四边形（输入输出框），描述文字为：输出 x_1 和 x_2。

（9）用圆角长方形（起止框）表示程序结束。

注意：要使用带箭头的连线（流程线）把所有的图形符号连接在一起，其中，箭头的方向代表程序执行的流向，最终得到图 2-2 所示的流程图。

图2-2　求解一元二次方程的算法流程

2.1.3　输入和输出

【例 2.2】输入同学的姓名和成绩，输出姓名、成绩的值及其值的类型。

程序代码：

```
name=input("请输入姓名:")
score=input("请输入成绩:")
print(name, score)
print(type(name),type(score))
```

运行情况：

```
请输入姓名: 张三
请输入成绩: 98
运行情况:
张三  98
<class 'str'> <class 'str'>
```

知识要点

1. 变量

程序中会用到很多数据，为了便于引用和处理它们，需要用到变量。在【例 2.2】中，name 和 score 都是变量，用于存储具体的姓名和成绩值。

变量名是一个标识符，通常，可以给变量取任何你喜欢的名字，但命名要遵守 2 个基本要求：①只能由字母、数字和下画线三种符号构成；②不能以数字开头。另外，Python 语言中有很多内置函数（例如 input、print、type 等）和关键字，我们定义的变量名不要与 Python 的关键字或内置函数重名，以免引起程序错误。关于 Python 的关键字和常用内置函数，详见附录 A 和附录 B。变量的命名尽可能做到"见名知义"，例如，【例 2.2】使用 name 和 score 两个英文单词作为变量名，很容易知道 name 中存放的是姓名，score 中存放的是成绩。

在 Python 中，变量名就像数据的标签，可以使用赋值语句给变量赋值，具体形式如下：

```
变量名=数据
```

其中，等号"="称为赋值运算符，赋值运算符"="的左侧必须是变量名，右侧的数据可以是任意合法表达式的值或函数的返回值。注意，赋值方向是把"="右侧的值给左边的变量。在【例 2.2】中，name=input("请输入姓名:")和 score=input("请输入成绩:")分别完成给变量 name 和 score 赋值，把右侧 input()函数的返回值赋给左侧的 name 或 score。

2. 输入——input()函数

运行程序时，通常需要从键盘输入要处理的原始数据，input()函数的功能是返回用户从键盘输入的数据，同时可以设定输入提示信息，以便用户清晰地知道该输入什么。具体使用形式如下：

```
input("输入提示信息")
```

注意：输入提示信息必须放在一对双引号或单引号中。在【例 2.2】中，当执行到语句 name=input("请输入姓名:")，会在交互窗口中显示"请输入姓名:"，此时输入"张三"，再按【Enter】键，name 变量得到的值为"张三"。当执行到语句 score=input("请输入成绩:")，会在交互窗口中显示"请输入成绩:"，此时输入"90"，再按【Enter】键，score 变量得到的值为"90"。

3. 数据类型

数据类型是数据的重要属性，它决定了数据能进行什么样的运算或操作。在 Python 3 中，支持 6 个标准数据类型：数字、str（字符串）、list（列表）、tuple（元组）、set（集合）和 dict（字典）。其中，数字类具体包括 4 种类型：int（整型）、float（浮点型）、bool（布尔型）、complex（复数型）。

如何知道变量中存放的数据是什么类型呢？Python 提供了 type()函数，它可以返回数据的类型名，具体使用形式为：type(变量/常量)。在【例 2.2】中，语句 print(type(name),type(score))的作用是输出 name 和 score 的数据类型，通过【例 2.2】程序的运行结果，可以看到两个变量中的数据都是<class 'str'>类型（字符串型）。

4. 输出——print()函数

为了验证算法的正确性，需要输出程序处理后的结果数据，print()函数用于向交互窗口输出任何类型的数据，其使用形式如下：

```
print(输出对象, sep=' ',end='\n')
```

其中，输出对象是任何合法的表达式，如果有多个输出对象，需要用逗号分隔。sep 用于指定多个对象数据之间的分隔符，默认是空格。end 用于指定输出结束后以什么方式结尾，默认是换行符'\n'。

print()函数中的 sep 和 end 参数可以省略，都使用默认值。【例 2.2】中的 print(name,score) 中只给了 2 个输出对象（用逗号分隔）。

【例 2.3】 假设标准体重（kg）的计算公式为：体重=[身高（cm）–100]×0.9，请根据输入的身高计算一个人的标准体重。

程序代码：

```
length=int( input("请输入身高（厘米）:") )
height=(length-100)*0.9
print("身高为:%d厘米，标准体重为:%f"%(length,height) )
```

运行情况：

```
输入: 178
输出: 身高为: 178厘米，标准体重为:70.2
```

知识要点

1. 类型转换函数

不同类型的数据能够进行的运算是不同的。比如在【例 2.3】中的身高应该是一个整数，可以进行算术运算。但用 input()函数只能得到字符串型数据，需要将字符串类型转换成整型。

int()函数可以将字符串类型转成整型，也可用于实数的向下取整，例如，int(3.6)的结果为 3。在语句 length=int(input("请输入身高（厘米）:"))中，就是利用 int()函数将 input()函数返回的字符串转成整型。其他常用的类型转换函数还有：float()和 str()，float()用于将整型或由数字构成的字符串转成浮点型。str()用于将 int（整型）或 float（浮点型）转成 str（字符串型）。

2. 格式化输出

print()函数可以直接输出变量的值，例如【例 2.2】中的语句 print(name, score)。print()函数还支持格式化输出，即指定变量数值的显示格式（例如：占用的列宽或小数的位数等），也可以添加数据的描述信息，格式化输出的基本形式为：

```
print("格式串"%(输出对象1,输出对象2,...) )
```

其中，格式串是用一对单引号或双引号括起来的字符串，主要包含两类字符：普通字符和占位符。如果有多个输出对象，需要用逗号分隔，并用一对圆括号括起来，格式串与输出列表之间用%分隔。

格式串中的普通字符会原样输出，占位符的位置会显示相应输出对象的值，输出对象的类型不同，使用的占位符也不同，例如，整型的占位符为%d，浮点型的占位符为%f，字符串的占位符为%s。占位符和输出对象在个数和顺序上要保持一致。

在【例 2.3】print("身高为:%d 厘米，标准体重为:%f"%(length,height))语句中，格式串为："身高为:%d 厘米，标准体重为:%f"，输出对象是（length,height）。格式串中第一个占位符%d 的位置显示 length 的值，第二个占位符%f 的位置显示 height 的值，其他普通字符原样显示。

巩固与拓展

（1）从键盘输入 3 名同学的数学成绩，输出平均分。要求平均分用 3 种形式输出：保留 2 位小数的结果、四舍五入的结果（例如 3.62 得 4）和向下取整（例如 3.62 得 3）的结果。

（2）从键盘输入两个正整数 a 和 b，输出 a 除以 b 的商和余数。

（3）从键盘输入一个三位数的正整数，输出其各位数字反转后得到的三位数。

```
输入:241
输出:142
```

（4）将 a 和 b 的值交换过来。例如：交换前：a=2，b=3；交换后：a=3，b=2。

（5）小明练习游泳，有一天他从 a 时 b 分一直游泳到当天的 c 时 d 分（时间按 24 小时制），请计算小明这天游泳的时长是多少小时多少分钟？

练习提示

第（1）题中的向下取整向下取整用 int()函数，四舍五入用 round()函数。第（2）题用到整除运算（//）和取余运算（%）也可以直接用 divmod()函数同时得到商和余数。第（3）题用整除运算或取余运算拆分一个整数。第（4）题要注意变量赋值的先后顺序。第（5）题把时间统一成分钟再计算。

2.2　分支结构

在实际问题处理中，简单的顺序结构通常不能满足需求，很多时候，需要在不同的情况下选择执行不同的步骤，此时需要使用分支结构。分支结构是根据条件是否成立，选择相应分支中的语句块执行，语句块执行的总次数为 1 次或 0 次。

2.2.1　单分支结构

【例 2.4】从键盘输入两个整数，按从大到小的顺序输出。

程序代码：

```
a=int(input("请输入数:"))
b=int(input("请输入数:"))
if a<b:
    t=a
    a=b
    b=t
print("从大到小为: %d, %d"%(a,b))
```

运行情况：

```
请输入数: 5
请输入数: 9
输出: 从大到小为: 9, 5
请输入数: 7
请输入数: 2
输出: 从大到小为: 7, 2
```

知识要点

1. 单分支——if 语句

单分支是最简单的分支控制语句，由三部分构成：if 关键字、条件和代码块。语句具体形式如下所示：

```
if 条件:
    代码块
```

注意两点：一是条件后面的冒号不要漏掉，二是代码块必须缩进。单分支 if 语句的执行过程为：先计算条件是否成立，如果成立（值为 True），则执行代码块，语句结束。否则，什么都不做，语句结束，代码块的执行次数是 1 次或 0 次。

在【例 2.4】中，条件为 a<b，代码块由 3 行构成，分别是 t=a、a=b 和 b=t。当输入 5 和 9 时，条件 a<b 成立（值为 True），执行代码块中的三行语句（交换 a 和 b 的值），整个 if 语句结束；当输入 7 和 2，条件 a<b 不成立（值为 False），不执行代码块，整个 if 语句结束。

2. 关系表达式

条件通常用关系表达式（即比较运算）来描述。用关系运算符（也叫比较运算符）将运算对象连接起来构成的式子叫做关系表达式。Python 的关系运算符及其优先级见附录 C，注意，关系运算表达式的值一定是布尔值：True 或 False。

3. 布尔值

条件要么成立（为真），要么不成立（为假）。在逻辑上，把只有"真"和"假"两种情况的值叫做布尔值。在 Python 中，"真"用 True 表示，"假"用 False 表示。Python 语言区分字母的大小写，即同一个字母的大小写是两个不同的字符。在【例 2.4】中，当输入 5 和 9 时，条件（a<b）的值为 True；当输入 7 和 2，条件（a<b）的值为 False。

4. 代码行（块）的缩进

有些语言（例如 C 或 C++）中，缩进只是一种书写风格，不强制使用。但在 Python 中，缩进是必不可少的，它不仅用来指示代码块的开始和结束，也确定了代码块的层次关系。如果不正确使用，程序会报错。

在【例 2.4】中，if 后面三行代码的缩进步长都是【Tab】键，说明它们属于同一个代码块，当 if 条件成立时，该代码块中的每行语句依次被执行，否则，整个代码块都不执行。具有相同缩进步长的代码块可以看成一个整体。

Python 没有严格规定缩进的步长，常用的缩进步长是 4 个空格或【Tab】键。

注意：同一个程序中，每层的缩进步长必须保持一致，不能混合使用不同的缩进步长，避免出现错误。

2.2.2　双分支结构

【例 2.5】如果年份能被 4 整除但不能被 100 整除或者能被 400 整除则是闰年，否则，不是闰年。从键盘输入一个年份，判断其是否为闰年。

程序代码：

```
year=int(input("请输入年份:"))
if (year%4==0 and year%100!=0) or (year%400==0):
    print("%d年是闰年"%year)
else:
    print("%d年不是闰年"%year)
```

运行情况：

```
输入：2020
输出：2020年是闰年
输入：1990
输出：1990年不是闰年
```

知识要点

1. 双分支——if…else 语句

```
if 条件:
    代码块1
else:
    代码块2
```

if…else 语句是在单分支 if 语句的基础上增加 else 语句，可以把单分支看成是双分支的特例。注意，在 if 条件和 else 后面都必须加冒号，千万不要漏掉。

if…else 语句的执行过程为：先计算 if 后条件的值，如果为 True，则执行代码块 1，整个双分支语句结束；否则，执行代码块 2，整个双分支语句结束。双分支中的代码块 1 或代码块 2 总有一个会被执行。

2. 逻辑运算符及表达式

如果条件比较复杂，通常使用逻辑表达式来描述。Python 中的逻辑运算符有三个：and（并且）、or（或者）和 not（取反）。用逻辑运算符连接多个关系表达式构成的式子称为逻辑表达式。

在【例 2.5】中的逻辑表达式为：year%4==0 and year%100!=0 or year%400==0，该式子中用到了 3 类运算符：算术运算符（%）、关系运算符（==、!=）和逻辑运算符（and、or）。用 and 和 or 两个逻辑运算符连接 3 个关系表达式：year%4==0、year%100!=0 和 year%400==0。

3. 多种运算符构成的表达式

由多种运算符构成的表达式，其计算顺序取决于运算符的优先级，不同类型的运算符优先级不同，其他运算符优先级重点记住：算术运算符优先级高于关系运算符，关系运算符优先级高于逻辑运算符，3 个逻辑运算符的优先级是：not 高于 and，and 高于 or。可以参见附录 C。在常用运算符中，圆括号的优先级较高，当不能确定表达式的运算顺序是否正确时，可以用圆括号改变运算顺序。

关于逻辑运算符的运算规则详见附录 C，注意：在 and 运算规则中，只有 True and True 的结果是 True，其他三种情况都是 False，如果 and 左侧结果是 False，则不再计算 and 右侧的表达式；对于 or 运算，只有 False or False 结果为 False，其他三种情况都为 True，如果 or 左侧结果是 True，不再计算 or 右侧的表达式。

在【例 2.5】中，当输入 2020，逻辑表达式 year%4==0 and year%100!=0 or year%400==0 的计算过程为：①2020%4==0 值为 True；②2020%100!=0 值为 True；③True and True 值为 True；④True or 2020%400==0，当 or 左侧为 True 时，整个表达式的值一定为 True。不再计算 or 右侧式子 2020%400==0。当输入 1990，计算过程为：①1990%4==0 值为 False；②False and 1990%100!=0，此时 and 左侧为 False，整个第②步的结果一定为 False，不再计算 and 右侧式子 1990%100!=0；③False or 1990%400==0；④False or False，最终得到整个表达式的值为 False。

2.2.3　多分支结构

【例 2.6】从键盘输入一个字符串（全部由字母字符构成），如果串的长度为 1，则输出字符的 ASCII 码；如果串长度为 2，则将字符串重复 5 次并输出；如果串长度为 3，则将字符串中的所有字符大写并输出，如果串长度大于 3，统计子串'ab'在原字符串中的出现次数。

程序代码：

```
s=input("请输入字符串:")
length=len(s)
if length==1:
    print(ord(s))
elif length==2:
    print(s*5)
elif length==3:
    print(s.upper())
else:
    print(s.count('ab'))
```

运行情况：

```
输入：b
输出：98
输入：ab
输出：abababababab
输入：abc
输出：ABC
输入：abcdefabhig
输出：2
```

知识要点

1. 多分支语句——if...elif...else

在分支结构中，如果有 2 个以上的分支，可以使用 if...else 的嵌套形式实现，也可以用专门的多分支语句 if...elif...else 实现，其中，elif 是 else if 的缩写，具体使用形式如下：

```
if 条件1:
    代码块1
elif 条件2:
    代码块2
elif 条件3:
    代码块3
    ……
```

```
else:
    代码块n
```

多分支语句的执行过程：先计算条件 1，如果为 True，执行代码块 1，整个多分支语句结束。如果条件 1 为 False，则计算条件 2，如果为 True，则执行代码块 2，整个多分支语句结束。如果条件 2 也是 False，则计算条件 3，如果为 True，则执行代码块 3，整个多分支语句结束。如此继续下去，假设所有的条件值都为 False，则执行 else 后面的代码块 n，整个多分支语句结束。注意，不管有多少个分支，多分支控制语句只能选择其中一个分支后的代码块执行，然后结束整个多分支语句。

2. 字符串

在 Python 程序中，用一对单引号、双引号或三引号（'" "'）包起来的数据称为字符串常量，切记引号必须是英文的。在【例 2.6】print(s.count('ab'))语句中的'ab'就是字符串常量。也可以写成"ab"或'"ab'"。

Python 中没有单个的字符型常量和变量，只有字符串型常量和变量，为了和字符串变量名区分开，字符串常量必须使用定界符（单引号、双引号或三引号）。在【例 2.6】代码中，第 1 条语句 s=input

("请输入字符串:")的作用是将 input()函数返回的字符串数据赋给 s 变量，这里的 s 就是字符串型变量，如果输出 type(s)的值，结果是<class 'str'>。假设有语句 x=10，再输出 type(x)的值，结果是<class 'int'>，说明 x 是整型变量。可以看出，在 Python 中，变量的类型取决于赋给变量的数据是什么类型。

3. 内置函数

什么是内置函数？就是 Python 内部自带的，可以直接使用的函数，比如 print()和 input()都是内置函数，截至 Python 版本 3.6.2，共有 68 个内置函数。在【例 2.6】中还用到了内置函数 len()和 ord()，len()的功能是计算字符串的长度，ord()的功能是得到单个字符的 ASCII 码值。使用内置函数时，注意其参数的形式及返回值的类型，常用内置函数及功能说明参见附录 B。

4. 字符的编码

所有形式的数据在计算机内部都要使用二进制数表示，对于不同进制的数值型数据可以通过转换公式转成二进制数据。那如何将字符数据（英文字母、数字字符和其他符号）转成二进制数据呢？采用字符编码，即用一个数值型数据来代表一个字符，这样就形成对字符数据不同的编码规则，为了通信方便，大家需要使用统一的编码规则。ASCII（美国信息交换标准代码）应运而生，它统一规定了常用符号的编码值。例如，小写字母（a~z）的 ASCII 码值是从 97 开始依次递增 1 的十进制整数，大写字母（A~Z）的 ASCII 码值是从 65 开始依次递增 1 的十进制整数，大小字母的 ASCII 码值的差为 32。在【例 2.6】中，当输入小写字母 b，ord()函数的值为 98；输入大写字母 B，则 ord()函数的值为 66。

ASCII 码只使用 1 个字节（8 位二进制数）存储，最多只能表示 256 个字符，由于各个国家使用的字符不同，ASCII 码无法对全球所有字符进行编码。1994 年诞生了使用 2 个字节存储的 Unicode 编码（又称统一码），它可以编码地球上几乎所有地区的文字，但由此带来的问题是，本可以用 ASCII 表示的字符，如果使用 Unicode 表示并不高效，因为 Unicode 比 ASCII 占用大一倍的空间。可变长度的 UTF-8 编码应运而生，它可用来表示 Unicode 标准中的任何字符。Python 3.x 版本默认使用 UTF-8 编码格式，在统计字符串长度时，汉字按 1 个字符长度处理。

5. 字符串的处理方法

字符串的处理可以使用内置函数，也可以使用字符串方法。内置函数和字符串方法都是能完成特定功能的程序模块，但二者的使用方式不同。内置函数的使用方式：函数名()。字符串方法的使用方式：字符串变量.方法名()。在【例 2.6】中，len(s)和 ord(s)是 2 个内置函数，而 s.upper()和 s.count('ab')是字符串的 2 个方法，s.upper()的功能是将字符串 s 的全部字符都转为大写，s.count('ab')的功能是统计'ab'串在 s 中的出现次数，常用字符串处理方法详见附录 D。

6. 字符串的运算

字符串可以使用加号（+）和乘号（*）做运算，注意，这里"+"号的功能是字符串的连接，"*"号的功能是字符串的复制，例如，'ab'+'cd'的结果是'abcd'，即将'ab'和'cd'两个串连接起来。'ab'*3 的结果是'ababab'，即将字符串'ab'复制 3 次。

巩固与拓展

（1）编写程序，计算长方形、圆和梯形的面积。程序运行时，显示如下功能列表：

a、计算长方形的面积

b、计算圆的面积

c、计算梯形面积

例如，输入 a，计算长方形的面积。输入 b，计算圆的面积。输入 c，计算梯形面积。输入其他值则报错。计算面积前，根据需要输入图形的尺寸。比如计算长方形面积，需要输入长和宽的值。计算圆的面积，要输入半径值。

（2）输入三角形的三条边，判断是否能构成三角形。

（3）已知 2020 年 9 月 1 日是周二，计算经过 n 天后是星期几，n 从键盘输入。

（4）从键盘输入 2 个字符串，将其拼接在一起，去除串中的空格字符并输出。

（5）从键盘输入一个字符串，如果串中只有数字字符，则将字符串转成整数输出，如果串中只有字母字符，则将字符串中的首字母大写输出，否则，输出串的长度。

练习提示

第（1）题主要侧重考查多分支结构的使用。第（2）题侧重考查使用逻辑表达式描述条件。第（3）题要用取余（n%7）运算计算 n 天后是周几。第（4）题用到字符串连接"+"运算符和函数 strip()。第 5 题用到内置函数 isdigit()、isalpha()和 capitalize()判断字符串的构成情况。

2.3　循环结构

循环结构是为重复执行某些步骤而设置的一种结构，由循环条件和循环体两部分构成，其中，循环条件的描述与分支条件相似，循环体是重复执行的代码块。

Python 提供了两种循环控制语句：while 语句和 for 语句。

2.3.1　while语句

【**例 2.7**】假设程序运行时，需要输入密码，如果密码正确，显示"欢迎使用本系统"，否则，显示"密码错误，请重新输入!"，直到密码输入正确，结束程序。（密码设为：admin2020）

程序代码（方式 1）：

```
key=input("请输入密码:")
while(key!='admin2020'):
    key=input("密码错误，请重新输入: ")
print("欢迎使用本系统")
```

程序代码（方式 2）：

```
key=input("请输入密码:")
while(1):
    if key=='admin2020':
        print("欢迎使用本系统")
        break
    else:
        key=input("密码错误，请重新输入:")
```

运行情况：

```
输入: 123456
输出: 密码错误，请重新输入:
输入: admin
输出: 密码错误，请重新输入:
输入: admin2020
输出: 欢迎使用本系统
```

知识要点

1. while 语句

如果循环次数无法确定，通常使用条件控制的循环方式——while 语句，使用的基本形式为：

```
while 条件:
    代码块或（循环体）
```

其中，循环条件与 if 语句中的条件描述方式类似，即用关系表达式或逻辑表达式描述循环条件，while 后面的代码块也称为循环体。注意，条件后面必须加冒号。

while 语句的执行过程：先计算条件的值，如果为 True，则执行循环体，然后再计算条件的值，如果还为 True，再执行循环体……直到条件的值为 False，整个 while 语句结束。

在【例 2.7】的实现代码（方式一）中，循环条件为：key!='admin2020'，循环体为：key=input("密码错误，请重新输入! ")。先计算条件，如果值为 True，则执行循环体，再读入一个字符串赋给 key，再去计算条件，直到输入的数据与'admin2020'相等，while 循环结束。

2. 循环条件

一个循环结构的循环次数必须是有限的，不能是无限次的死循环。在条件循环结构中，通常使用循环条件控制循环是否结束。例如，在【例 2.7】的实现代码（方式一）中，循环条件为：

key!='admin2020'，当 key 的值和 "admin2020" 不相等时，循环条件值为 True，执行循环体，当 key 的值和 "admin2020" 相等时，循环条件值为 False，整个 while 循环结束。

【例 2.7】的实现代码（方式二）中，循环条件为 1，当条件表达式的值为非零数值时，等价于条件值为 True 即 while(1)等价于 while(True)，循环条件永远为真，无法通过循环条件结束循环。此时需要借助于 break 语句强制结束循环。

3. break 语句和 continue 语句

在执行 while 条件循环时，只要循环条件一直为 True，程序将会一直执行 while 语句的循环体。但在某些情况下，可能希望在执行循环体时，满足某种条件就强制结束整个循环或一次循环，Python 提供了 2 种控制语句：break 语句和 continue 语句，break 语句的功能是提前结束所在层的整个循环，continue 语句的功能是提前结束所在层的一次循环体的执行，转而执行下一次循环。

在循环体中，break 语句通常和分支结构配合使用，当满足某种条件时，提前结束 break 语句所在层的整个循环。在【例 2.7】的第二种实现方式中，循环体是一个 if...else 语句。当 if 的条件为 True 时，会执行语句 print("欢迎使用本系统")和 break，一旦执行到 break 语句，整个 while 循环被提前结束。

可以把 while 条件循环的结束方式分为两种：正常结束和提前结束。当循环条件值为 False 导致循环结束，称为正常结束；由于执行 break 语句导致循环结束，称为提前结束。

2.3.2　for语句

【例 2.8】假设登录一个系统需要输入密码，但只有 5 次机会。如果第 1 次输入不正确，显示 "密码错误！还剩 4 次机会！"和 "请重新输入:"，第 2 次还不对，显示 "密码错误！还剩 3 次机会！"和 "请重新输入:"。如果密码正确，显示 "欢迎使用本系统！"，结束程序。如果 5 次输入都错误，则显示 "密码错误，次数用完，请下次再试！"结束程序。（假设密码为 1234xyz）

程序代码：

```
key=input("请输入密码:")
for i in range(1,6):
    if key=='1234xyz':
        print("欢迎使用本系统！")
        break;
    else:
        if i<5:
            print("密码错误！还剩%d次机会！"%(5-i))
            key=input("请重新输入:")
        else:
            print("密码错误，次数用完，请下次再试！")
```

运行情况（5 次输入全部错误）：

```
输入：123456
输出：密码错误！还剩4次机会！
请重新输入：
输入：admin
```

输出：密码错误！还剩3次机会！
请重新输入：
输入：admin2020
输出：密码错误！还剩2次机会！
请重新输入：
输入：wx123
输出：密码错误！还剩1次机会！
请重新输入：
输入：123abc
输出：密码错误，次数用完，请下次再试！

运行情况（第 2 次输入正确）：

输入：admin123456
输出：密码错误！还剩4次机会！
请重新输入：
输入：1234xyz
输出：欢迎使用本系统！

知识要点

1. range()函数

range()是 Python 的内置函数，用于生成一个整数序列，其语法格式如下：

```
range(start=0, end, step=1)
```

其中，start 为序列的起始值（默认值 0），end 为序列的结束值，step 为序列递增的步长（默认值 1）。注意：range()函数生成的整数序列中，不包含结束值，例如，range(5)生成的序列是 0、1、2、3、4，range(5,25,5)生成的序列是 5、10、15、20。在【例 2.8】for i in range(1,6):语句中使用了 range(1,6)，生成的序列为 1、2、3、4、5。

2. for 语句

Python 中的循环分为两类：条件循环和遍历循环。条件循环使用 while 语句，遍历循环使用 for 语句，其基本使用形式如下：

```
for 变量 in 序列：
    代码块或（循环体）
```

for 语句可以遍历序列中的所有元素，从序列的第 1 个元素开始依次访问，直到访问完最后 1 个元素后，循环自动结束。for 循环的执行过程为：先取序列第 1 个元素的值，执行 1 次循环体；再取第 2 个元素的值，执行 1 次循环体，如此进行下去，当取完序列中的所有元素，循环自动结束。

在【例 2.8】中，range(1,6)生成的序列为：1、2、3、4、5。for 语句中的执行过程为：i 的值为 1，执行 1 次循环体，接着 i 的值为 2，再执行 1 次循环体，如此继续下去，当 i 的值变为 5，最后执行 1 次循环体，整个 for 语句自动结束，循环的总次数为 5。可以看出，for 循环的次数取决于序列元素的总个数。另外，for 语句也可以遍历可迭代对象（比如字符串、列表、元组等）中的数据。

3. 分支嵌套结构

如果在 if 单分支或 if...else 双分支语句中的代码块中，又是一个 if 单分支或 if...else 语句，称为分支结构的嵌套，具体的嵌套形式和层次可以有多种。例如：

```
if 条件1:                          if 条件1:
    if 条件2:                          代码块1
        代码块1                     else:
    else:                             if 条件2:
        代码块2                            代码块2
                                      else:
                                          代码块3
```

注意：不管哪种形式的嵌套，都需要用相同的缩进步长表达它们的从属关系。例如，在分支结构的第 1 种嵌套形式中，整体看是一个单分支 if 语句，代码块位置上嵌套了一个 if...else 双分支语句，嵌套的双分支相当于外层单分支 if 条件成立时要执行的代码块，因此整个双分支语句要往右缩进。同理，在分支结构的第 2 种嵌套形式中，整体是一个 if...else 双分支语句，在 else 后又嵌套了一个双分支语句，嵌套在 else 后面的双分支也要整体缩进，表示它属于 else 后面的代码块。

2.3.3　循环的嵌套

【例 2.9】利用 1、2、...、6 共 6 个数字组成一个 2 位数，个位只能取 1~3 共 3 个数字，能组成多少个无重复数字的 2 位数？输出这些 2 位数，每 5 个数一行。

程序代码

```
count = 0
for i in range(1,7):
    for j in range(1,4):
        if i!=j:
            print(i*10+j,end="   ")
            count+=1
            if count%5==0:
                print("")
print("数字不重复的不同2位数总共有:%d个" %count)
```

运行情况

```
12 13 21 23 31
32 41 42 43 51
52 53 61 62 63
无重复数字且互不相同的2位数总共有:15个
```

知识要点

1. 嵌套循环的层次

在【例 2.9】中，变量 i 控制的 for 语句循环体又是一个 j 控制的 for 语句。把 i 控制的 for 语句称为外层循环，j 控制的 for 语句称为内层循环。外层和内层使用两个不同的变量分别控制各自的循环次数。

同样，如果循环结构的循环体中又使用了循环结构，称为循环的嵌套。while 语句和 for 语句可以自嵌套也可以互嵌套，例如：

`for 变量1 in 序列1:`
　　`for 变量2 in 序列2:`
　　　　`循环体`
	`while条件1:`
	　　`for 变量1 in 序列1:`
	　　　　`循环体`

2. 循环嵌套的执行过程

在两层的循环嵌套中，假设外层循环的总次数是 m 次，内层循环的总次数是 n 次，内层循环是外层循环的循环体，因此，外层执行 1 次循环，内层要执行 n 次循环。内层的循环体总共执行的次数是 "m×n"。在【例 2.9】中，外层循环的总次数为 6，内层循环的总次数为 3。当外层 i=1 时，内层 j 会从 1 变化到 3；外层 i=2 时，内层 j 又从 1 变化到 3，如此下去，内层的循环体执行总次数为 18 次（6×3）。

3. 穷举法

穷举法又称列举法、枚举法，是编程中常用到的一种方法。其基本思想是逐一列举问题可能的候选解，按某种顺序进行逐一检验，从中找出符合要求的解。

在【例 2.9】中，二位数的十位数字取[1,6]，个位数字取[1,3]，因此可以把十位和个位可能的数字依次列举出来，如果十位和个位数字不相同时，将两位数字组合起来就是问题的解。外层循环依次列举十位上可能的数字，内层循环依次列举个位上可能的数字。

使用穷举法计算主要考虑三个方面：首先确定要穷举的量有哪些，接下来确定各个穷举量的取值范围，最后确定当前给定量是否满足问题的约束条件。

穷举法可解决计算领域中的很多问题，尤其在计算机运算速度非常高的今天，它的应用领域更广阔。很多要解决的实际问题规模并不大，穷举法的运算速度是可以接受的。当然，如果问题的计算量非常大，穷举算法的运行时间较长。此时，可以根据问题的具体情况，寻找简化规律，精简穷举循环，优化穷举策略。

🎯 巩固与拓展

（1）输出 1～100（包括）之间能被 3 但不能被 7 整除的所有整数。

（2）编写程序，输出 100～2 000 之间最大的 10 个素数。

（3）求出两个整数 m～n 之间所有整数各个位上的奇数数字之和。例如 m=7，n=12，则 m～n 之间的所有整数是：7、8、9、10、11、12，各个位上的奇数数字之和 7+9+1+1+1+1=20。

（4）用公式 $\frac{\pi}{4} \approx 1 - \frac{1}{3} + \frac{1}{5} - \frac{1}{7} + \cdots$，计算 π 的近似值。

（5）韩信点兵。如果从 1 到 5 报数，最末一个士兵报数为 1，从 1 到 6 报数，最末一个士兵报数为 5，从 1 到 7 报数，最末一个士兵报数为 4，从 1 到 11 报数，最末一个士兵报数为 10，请帮韩信计算他至少有多少兵。

（6）填数游戏。假设有算式：新冠状病毒×新=毒毒毒毒毒。其中,每个汉字表示从 0~9 的一个整数，不同汉字代表不同的整数，找出这些汉字表示的整数，使得算式成立。

👆 练习提示

第（1）题利用取余运算判断是否整除，第（2）题在判断一个数是否为素数的基础上再外套一个循环，第（3）题涉及整数的拆分，重复使用 n%10 和 n=n/10，取出整数各个位上的数字。第（4）题是多项式求和，把符号的变化和分母的变化规律通过表达式描述出来，再循环累加即可。第（5）题可以使用穷举法，分析各个穷举变量的取值范围，再利用取余运算列出约束条件的表达式，找出满足条件的最小数值。

2.4　应用实例

问题描述

设计一个练习整数运算（加、减、乘、除）的小工具，其中除运算使用整除运算符"//"，即只保留商的整数部分。每次训练中，程序会随机出 10 道算术题，如果答对，显示"你真厉害！"；如果答错，显示"很遗憾！答错了！"，并显示正确答案，最后给出答对和答错的总次数。使用该工具需要输入密码，密码正确，则开始训练，如果密码错误 3 次，程序结束。

基本思路

整个程序可以分为两部分：密码验证和随机出 10 道算术题。密码验证部分，如果 3 次内输入了正确密码，则开始随机出题。

随机出题：即每道算术题中，四种运算符其中一个会随机出现，运算符两侧的运算数也是随机数。

1. 运算符的随机

设置一个列表 signs=["+","−","*","//"]，使用 random.choice(signs)随机抽取一个运算符，根据当前抽取的符号，给出相应的表达式。

2. 运算数的随机

使用 random.randint(0,100)产生一个指定范围内的随机整数

程序代码

```
import sys
import random
for i in range(3):
    psd=input("请输入密码:")
    if psd.strip(" ")=="123":
        break
    else:
        if(i==2):
            print("密码错误3次，程序停止运行!")
            sys.exit(1)
        else:
            print("密码错误，请重新输入: ")
signs=['+','-','*','//']
right=0
error=0
```

```python
for i in range(10):
    op1=random.randint(0,100)
    op2=random.randint(0,100)
    sign=random.choice(signs)
    if sign=='-':
        print(str(op1)+sign+str(op2)+"=",end=' ')
        answer=int(input())
        if answer==op1-op2:
            print("你真厉害！")
            right+=1
        else:
            print("很遗憾!答错了!")
            print("正确答案是",op1-op2)
            error+=1
    elif sign=='+':
        print(str(op1)+sign+str(op2)+"=",end=' ')
        answer=int(input())
        if answer==op1+op2:
            print("你真厉害！")
            right+=1
        else:
            print("很遗憾!答错了!")
            print("正确答案是",op1+op2)
            error+=1
    elif sign=='*':
        print(str(op1)+sign+str(op2)+"=",end=' ')
        answer=int(input())
        if answer==op1*op2:
            print("你真厉害！")
            right+=1
        else:
            print("很遗憾!答错了!")
            print("正确答案是",op1*op2)
            error+=1
    if sign=='//':
        print(str(op1)+sign+str(op2)+"=",end=' ')
        answer=int(input())
        if answer==op1//op2:
            print("你真厉害！")
            right+=1
        else:
            print("很遗憾!答错了!")
            print("正确答案是",op1//op2)
            error+=1
print("答对总次数: ",right,"答错总次数: ",error)
```

第3章
列表、元组和字典

在计算机语言中，除了基本数据类型外，还有组合数据类型。基本数据类型仅能够表示单一数据的类型，例如数字类型中整数、浮点数等，而组合数据类型则可以把多种类型数据组合起来统一表示，方便进行数据的处理和应用，例如序列类型中字符串等。

在 Python 语言中，组合数据类型有三类，分别是序列、集合和映射，这三种类型都有自己独有的特点和应用场景，本章重点介绍序列类型中的列表和元组以及映射类型中的字典。

学习目标

通过本章的学习，应该掌握以下内容：

（1）组合数据类型。

（2）列表的创建及使用。

（3）元组的创建及使用。

（4）字典的创建及使用。

（5）字符串的常用操作方法。

3.1 组合数据类型

Python 中，组合数据类型可分为三类，分别是序列、字典和集合，其中，序列类型又包含了字符串、列表和元组三种数据类型。下面简单介绍一下三种组合数据类型的特点。

1. 序列类型

序列类型来源于数学思想，通过序列名和序号能够访问序列中的每一个元素。序列类型的数据的共同特征是元素按照顺序排列和访问，是有严格排序关系的数据。可以通过序号进行单个元素和一组元素（切片）的数据操作。序列的访问操作是从首元素开始编号，首元素编号为 0，末元素编号为 n−1（n 是序列元素个数）；也可以从末元素开始编号访问，末元素编号为−1，以此往前到首元素−n（n 是序列元素个数）。

2. 字典类型

字典作为映射类型，是键值对的无序组合数据类型。键值对是由表示关键字的键和关键字对应的值组成的表示一个类目数据的字典元素。字典数据类型可以理解为数据的分类和具体类的值组成的组合数据，要想访问字典数据，必须使用键元素，反过来则不行。因此，在 Python 编程中，可以使用字典数据类型进行复杂表格的构建。字典的键值对在字典数据中是没有顺序的，但是字典的键不能重复，而不同的键对应的值则可以重复出现。

3. 集合类型

集合本身就是数学概念。数学上，集合是一组无序、互异、确定对象汇总成的集体。组成集合的对象称为元素。Python 语言中的集合与数学的集合是相同的，Python 中集合又有两种类型，分别是可变集合和不可变集合。集合与序列的最大不同是没有元素的访问顺序，但是集合中元素不能重复出现。集合的元素可以是整数、浮点数、字符串、元组等固定数据类型，不能是列表、字典和可变集合类型。

3.2 列表

列表是序列数据类型，列表能以序列形式保存任意数目的 Python 对象，这些对象称之为列表的元素。列表的元素可以是基本数据类型，也可以是列表本身，还可以是自定义的对象。列表的应用非常灵活，列表是一个可变对象，有时候也称列表为一个容器。

3.2.1 列表的基本操作

【例 3.1】创建列表。

```
>>> lst1=[]
>>> lst2=["MUC","Python",1,2,3]
>>> lst3=list("Hello!Python")
>>> lst1
[]
>>> lst2
['MUC', 'Python', 1, 2, 3]
>>> lst3
['H', 'e', 'l', 'l', 'o', '!', 'P', 'y', 't', 'h', 'o', 'n']
```

知识要点

（1）使用方括号将一组 Python 对象括起来，各个对象之间用逗号分隔，就创建了一个列表；也可以使用空的方括号创建一个空列表。

（2）可以使用 list() 函数创建列表，在使用 list() 函数时，可以带参数，若带的参数是一个字符串，则会将字符串中的每个字符解析成为列表的元素。

【例 3.2】访问列表。

```
>>> lst=["MUC","Python",1,2,3,"Hello"]
>>> lst[1]
'Python'
>>> lst[1:3]
['Python', 1]
>>> lst[0:5:2]
```

```
['MUC', 1, 3]
>>> lst[3:-1]
[2, 3]
>>> lst[3:]
[2, 3, 'Hello']
```

📖 知识要点

（1）列表元素使用列表名加下标进行访问，列表的首元素从下标 0 开始依次递增；也可以从末元素开始倒序进行标示，末元素下标为–1 倒序依次往前递减。

（2）访问列表元素时可以指定开始位置和结束位置，从而实现多个元素的访问和抽取，这个操作称为切片操作，在切片操作时还可以在切片范围后指定步长。

（3）列表的切片操作时，包含指定的第一个元素，不包含区间最后一个元素；若从指定元素一直取到列表最后一个元素，可以省略区间范围后面的数字；不能够指定超出列表范围的数字，否则就会出错。

【例 3.3】更新和删除列表中元素。

```
>>> lst=["MUC","Python",1,2,3,"Hello"]
>>> lst
['MUC', 'Python', 1, 2, 3, 'Hello']
>>> lst[2:5]=4,5,6
>>> lst
['MUC', 'Python', 4, 5, 6, 'Hello']
>>> lst[2]='Sec'
>>> lst
['MUC', 'Python', 'Sec', 5, 6, 'Hello']
>>> del lst[2]
>>> lst
['MUC', 'Python', 5, 6, 'Hello']
>>> lst.append('Sec')
>>> lst
['MUC', 'Python', 5, 6, 'Hello', 'Sec']
>>> lst.remove('Sec')
>>> lst
['MUC', 'Python', 5, 6, 'Hello']
>>> lst.pop()
'Hello'
>>> lst
['MUC', 'Python', 5, 6]
>>> lst.pop(0)
'MUC'
>>> lst
['Python', 5, 6]
```

📖 知识要点

（1）可以使用下标方法更新指定列表元素的值，也可以更新切片元素的多个值。

（2）可以使用 append() 方法追加新的列表元素，追加的元素放在列表的最后。

（3）删除列表中元素的方法有多种：

① 使用 del 语句删除知道确切索引号的元素，还可以使用 del 语句删除整个列表。

② 使用 remove()方法删除指定内容的元素。

③ 使用 pop()方法删除指定位置的元素或者不指定位置时删除末尾元素，pop()方法有返回值。

（4）关于方法和函数可以直观地理解为，针对某种数据类型的方法则是专用的操作手段，使用"."运算符挂在列表名后边操作；而函数则是功能独立的代码段，调用时列表可以是函数的一个参数。

3.2.2　列表常用操作符

【例 3.4】列表操作符。

```
>>> lst1=['hello','hi','hiya']
>>> lst2=[1,2,3]
>>> lst1+lst2
['hello', 'hi', 'hiya', 1, 2, 3]
>>> lst3=lst2*3
>>> lst3
[1, 2, 3, 1, 2, 3, 1, 2, 3]
>>> lst1*2
['hello', 'hi', 'hiya', 'hello', 'hi', 'hiya']
>>> 'hiya' in lst1
True
>>> 'howdy' not in lst1
True
>>> 'hi' in lst2
False
```

知识要点

1. 列表的连接

加号（+）用于两个列表之间时，作用是将 2 个列表中的元素连接起来形成一个新的列表。例如，在【例 3.4】中，使用 lst1+lst2 连接 2 个列表，但是用加号连接列表是一种相对高代价的操作，因为连接过程中会创建新的列表，并且还要复制对象。如果只是需要向已有列表中添加新的元素，使用 extend() 方法是更好的选择，尤其是当需要构建一个大型列表的时候，使用extend()要快得多。

2. 列表操作符

除了连接操作符，比较运算符和布尔运算符也可以用于列表。成员关系操作符、连接操作符、重复操作符和切片操作符则是列表的专用操作符。对操作符的功能描述如表 3-1 所示。

表 3-1　操作符的功能描述

操 作 符	功 能 描 述	操 作 符	功 能 描 述
>, <, >=, <=, ==, !=	对象值比较	+	连接操作符
is, is not	对象身份比较	*	重复操作符
not, and, or	布尔运算符	[], [:], [::]	切片操作符
in, not in	成员关系操作		

两个列表比较大小时，如果两个列表都只有 1 个元素，直接比较两个列表中元素的大小，例如：

```
>>> list1 = [123]
>>> list2 = [456]
>>> list1 > list2
    False
```

如果列表中有多个元素，首先比较两个列表中第 1 个位置的元素，如果哪个列表第 1 个位置的元素大，则该列表大。如果值相等，就比较两个列表中第 2 个位置的元素，直到遇到对应位置的元素不相等或者对应位置的元素全部比较完毕，得到运算结果。例如：

```
>>> list1 = [45,23]
>>> list2 = [16,50]
>>> list1 < list2
False
```

3.2.3　列表常用函数或方法

【例 3.5】列表处理（使用内置函数）。

```
>>> lst1=[1,2,3,4,5,6]
>>> lst2=['a','b','c','d','e']
>>> str(lst1)
'[1, 2, 3, 4, 5, 6]'
>>> str(lst2)
"['a', 'b', 'c', 'd', 'e']"
>>> len(lst1)
6
>>> max(lst1)
6
>>> min(lst2)
'a'
>>> reversed(lst2)
<list_reverseiterator object at 0x7fc382c88e10>
>>> for i in reversed(lst1):
        print(i)

6
5
4
3
2
1
>>> lst3=[2, 1, 5, 4, 6,3]
>>> sorted(lst3)
[1, 2, 3, 4, 5, 6]
>>> lst3
[2, 1, 5, 4, 6, 3]
>>> lst4=sorted(lst3)
>>> lst4
[1, 2, 3, 4, 5, 6]
```

```
>>> sum(lst4)
21
>>> for i,j in zip(lst1,lst2):
        print(i,j)
1 a
2 b
3 c
4 d
5 e
```

【例 3.6】 列表处理（使用方法）。

```
>>> lst=['b',3,'d',2,'c',1,'a',5,4,'e']
>>> lst
['b', 3, 'd', 2, 'c', 1, 'a', 5, 4, 'e']
>>> lst.reverse()
>>> lst
['e', 4, 5, 'a', 1, 'c', 2, 'd', 3, 'b']
>>> lst.append('f')
>>> lst
['e', 4, 5, 'a', 1, 'c', 2, 'd', 3, 'b', 'f']
>>> lst0=[0,6,'g']
>>> lst.extend(lst0)
>>> lst
['e', 4, 5, 'a', 1, 'c', 2, 'd', 3, 'b', 'f', 0, 6, 'g']
>>> lst.insert(0,0)
>>> lst
[0, 'e', 4, 5, 'a', 1, 'c', 2, 'd', 3, 'b', 'f', 0, 6, 'g']
>>> lst.count(0)
2
>>> lst.index(0)
0
>>> lst.index(5)
3
>>> lst.sort()
Traceback (most recent call last):
  File "<pyshell#104>", line 1, in <module>
    lst.sort()
TypeError: '<' not supported between instances of 'str' and 'int'
```

知识要点

1. 处理列表的内置函数和方法

　　与字符串的处理类似，列表也可以使用内置函数或方法完成相应的操作。在【例 3.5】中都是用内置函数处理列表，其中 str()功能是将列表转成字符串、len ()功能是计算列表中元素的个数、min()功能是找出列表中的最小值、reversed()功能是将列表数据逆序排列，关于常用内置函数及其功能详见附录 B。列表常用方法如表 3-2 所示。在【例 3.6】中使用了处理列表的 reverse()、append()、insert()等方法。注意，内置函数直接用内置函数名(参数)的形式调用，而列表方法只能用列表名.方法名(参数)的形式调用。

表 3-2　列表常用方法

方　法　名	功　能　描　述
append(obj)	在列表添加一个元素
extend(seq)	把序列 seq 的内容添加到列表中
insert(index, obj)	在索引值位置插入元素
pop(index=-1)	删除并返回指定位置元素，默认位置为-1（末元素）
remove(obj)	删除指定元素
count(obj)	返回指定元素出现的次数
index()	返回指定区间内指定对象的索引值
sort(), reverse()	排序和反序操作

2. 内置函数 sorted()和列表方法 sort()的区别

内置函数 sorted()和列表方法 sort()都可以对列表排序，但是两者有本质的区别，sort()是只能应用在列表数据上的方法，而 sorted()可以对所有可迭代的对象进行排序操作。sort()方法直接在原列表上直接操作，无返回值。而内置函数 sorted()不改变原列表，返回值是排序后新的列表。

针对【例 3.5】的 lst3 列表，如果使用内置函数 sorted()，先用 sorted(lst3)，再输出 print(lst3)，结果是[2，1，5，4，6，3]，即 sorted()内置函数没有改变 lst3 的值。如果使用 sort()方法，先用 lst3.sort( )，再输出 print(lst3)，结果是[1，2，3，4，5，6]，即 sort()方法会改变 lst3 的值。

在【例 3.6】中，最后一个命令行 lst.sort()提示出错，原因是不同类型（数字和字符）的数据不能混排，只能针对同一类型的数据进行排序。

【例 3.7】 将若干同学的某门课程的成绩存入到一个列表中，实现成绩列表的添加、删除、排序、输出前五名成绩的相关操作。

```
>>> score_python = [65,88,79,95,100,58,81,58,90,77]
>>> score_python.append(33)
>>> score_python
[65, 88, 79, 95, 100, 58, 81, 58, 90, 77, 33]
>>> score_python.index(100)
4
>>> score_python.insert(4,99)
>>> score_python
[65, 88, 79, 95, 99, 100, 58, 81, 58, 90, 77, 33]
>>> score_python.remove(99)
>>> score_python.pop()
33
>>> score_python
[65, 88, 79, 95, 100, 58, 81, 58, 90, 77]
>>> score_python.sort(key=None,reverse=True)
>>> score_python
[100, 95, 90, 88, 81, 79, 77, 65, 58, 58]
>>> score_python[0:5]
[100, 95, 90, 88, 81]
```

【例 3.8】 构建一个学生成绩的信息列表，要求列表中每个元素又是一个包含学生基本信息（学号、姓名和成绩）的列表数据，程序能够实现学生信息的添加、删除、统计、排序等操作。

```
score = [[1901,'张三',80],[1902,'李四',76],[1903,'王五',90],[1904,'赵六',
68],[1905,'孙七',86]]
for item in score:
    print(item)
print("******><><******")
while(1):
    print("1.增加一条学生成绩")
    print("2.按照学号删除成绩")
    print("3.全部学生成绩平均值")
    print("4.输出成绩的前三名")
    print("0.Exit")
    choice=int(input("输入你的选择:").strip(" "))
    if choice==0:
        break
    elif choice==1:
        new_score = input("按学号、姓名和成绩的顺序输入一条信息(逗号分开):
\n").strip(" ")
        new_score = new_score.strip(" ").split(",")
        new_score[0] = int(new_score[0])
        new_score[2] = int(new_score[2])
        score.append(new_score)
    elif choice==2:
        num = int(input("输入删除的学号:").strip(" "))
        for item in score:
            if item[0]==num:
                score.remove(item)
                break
    elif choice==3:
        sum = 0
        for item in score:
            sum = sum+item[2]
        average = sum/len(score)
        print(average)
    elif choice==4:
        score.sort(key=lambda x:x[2],reverse=True)
        print(score[0:3])
    else:
        print("!!!输入编号错误!!!")
```

⏳知识要点

1. 一维列表和二维列表

Python 列表中的元素可以是任何对象。在实际使用中，通常把元素都是同类型基本数据的列表称为一维列表。例如 B=[1,2,3,4,5]。如果列表是由若干相同长度的一维列表构成，把这种列表称为二维列表。例如 A=[[1,2,3,4,5], [6,7,8,9,10], [11,12,13,14,15]]。

在【例 3.8】中，学生信息列表包含若干名学生的基本信息，每个学生的基本信息包含学号、姓名和成绩。整个学生信息表看成是一个多行多列的结构，每行是一名同学的信息，总行数是学生的总人数，可以使用二维列表存储，如【例 3.8】代码第 1 行所示，score 是一个二维列表。

2. 字符串处理

Python 字符串常用操作包括：替换、删除、截取、赋值、连接、比较、查找、分割等。在【例 3.8】用到了 strip()和 split()操作字符串的内置方法。其中，strip()方法可以移除字符串头尾指定的字符或者字符序列，返回删除后的所得到的新序列。split()方法是对字符串进行分隔，可以指定具体的分隔符，默认分隔符包括空格、换行（\n）和制表符（\t）等，返回分隔后的字符串列表，关于字符串的常用操作方法详见附录 D。

3. 转义字符

在字符串中经常使用一种特殊的字符——转义字符，书写形式是反斜杠（\）加转义字符。转义字符主要用于两种情况：第一是输出特殊的字符；第二是表示一些特殊的控制符号，例如，回车键（\r）、换行符（\n）和制表符（\t）等。

在 Python 中，单引号、双引号和三引号已经用于做字符串的定界符，但如果需要在字符串中使用这种已经有特殊作用的字符时，该如何在字符串中描述这种字符呢？例如字符串 It's me，如果写成 s='It's me'，编辑器就会报错，因为这个字符串是用单引号括起来的，可中间又出现一个单引号，这就有了歧义。此时需要用到转义字符，写成 s='It\'s me'。同理，在字符串中如果使用字符'\'时，需要写成'\\'。

4. lambda 表达式

在 Python 中，可以使用 lambda 关键字创建匿名函数，功能类似于一个简单函数，可以当作表达式使用，常见的使用形式为：

```
lambda 形参1,形参2, … :表达式
```

例如，求 2 个数的和，可以用如下方式实现：

```
>>>add=lambda a,b:a+b
>>>print (add(6,8))
14
```

在上例中，a 和 b 是形参名称，a+b 是用于处理数据的表达式，在 print(add(6,8))命令中使用函数 add()计算时，实参 6 传给形参 a，实参 8 传给形参 b。

lambda 表达式也可以作为一个函数的参数使用，例如，将列表中元素值都加 10，可以使用如下方式完成：

```
>>>x=[1,2,3,4,5]
>>>print (list(map(lambda y:y+10,x)))
[11, 12, 13, 14, 15]
```

在上例中，lambda 表达式作为 map()函数的一个参数使用，形参 y 代表 x 中的一个元素，map()函数的执行过程是：将 x 列表中的各个元素值依次取出，传给形参 y，执行 y+10 操作。

5. 升序和降序

列表的排序方法有两种使用形式：带参数和不带参数。如果不指定参数，默认是升序排列。例如：

```
>>>ls=[5,2,1,4,3]
>>>ls.sort()
```

```
>>>print(ls)
[1,2,3,4,5]
```

如果指定参数，具体语法形式如下：

```
sorted(key=None, reverse=False)
```

其中，key 一般用来指定使用列表或其他可迭代对象中的哪些元素进行排序，默认值为 None，对迭代对象中的所有元素进行排序。reverse 指定排序规则，reverse=True 降序，reverse=False 升序（默认），例如：

```
>>>ls.sort(key=None,reverse=True)
>>>print(ls)
[5,4,3,2,1]
```

在【例 3.8】中，当选择功能 4 时，程序中先对 score 中的数据按成绩进行降序排列，再输出排序结果中的前 3 个，得到前三名同学的信息。排序代码为 score.sort(key=lambda x:x[2],reverse=True)，key 的值为 lambda 表达式的值，其中 x 形参代表二维列表 score 中的一个元素，x[2]代表取 x 中下标为 2 的元素值。由于 score 是二维列表，把二维列表的每行看成一个整体，那二维列表的元素就是若干个一维列表，即 score 的元素是包括学号、姓名和成绩的一维列表，x[2]是一维列表的第 3 个元素，即成绩。

巩固与拓展

（1）编写程序，从 0 ~ 9 十个数字中随机抽取 4 个数字，组成一个随机数密码。

（2）编写程序，用冒泡排序算法对列表内的数字元素进行排序，排序完成后分别打印输出排序前后的列表内容。

练习提示

（1）Python 中有随机数库，名称为 random，运行导入库指令 import random 后则可以使用库中的 randint()函数生成随机数。

（2）冒泡排序是一种常用排序方法，顺次访问序列中的元素，若发现相邻元素的大小顺序与排序方向不同，则交换相邻元素位置，进行完一轮比较后，最大或者最小值则会到最前或者最后位置，再继续第二轮比较，以此类推，但是后一轮比较的次数将会因为某些已确定位置而减少了比较次数。

3.3 元组

元组是序列数据类型，元组和列表有很多相似之处，但是又有一些根本性的差别。元组和列表同属于序列数据类型，因此在列表上的操作基本上都适用于元组操作。但是元组和列表的最大不同之处就在于，元组的元素不能修改，元组属于不可变对象，而列表是可变对象。在形式上，列表使用方括号，而元组则使用圆括号。本节就元组的独特性进行简单阐述，元组和列表的相同操作这里不再赘述。

3.3.1　元组的基本操作

【例 3.9】创建元组，并对元组的元素进行访问操作。

```
>>> tp1 = ('MUC', 'Python', 2020)
>>> tp1
('MUC', 'Python', 2020)
>>> type(tp1)
<class 'tuple'>
>>> lst = ['abc','xyz', 123]
>>> lst
['abc', 'xyz', 123]
>>> type(lst)
<class 'list'>
>>> tp2 = tuple(lst)
>>> tp2
('abc', 'xyz', 123)
>>> type(tp2)
<class 'tuple'>
>>> tp2[-1]
123
>>> tp=tp1[0]+tp2[0]
>>> tp
'MUCabc'
>>> tp1 = tp1 + tp2[0:2]
>>> tp1
('MUC', 'Python', 2020, 'abc', 'xyz')
>>> del tp2
>>> tp2
Traceback (most recent call last):
  File "<pyshell#16>", line 1, in <module>
    tp2
NameError: name 'tp2' is not defined
```

📇 知识要点

（1）使用圆括号将一组 Python 对象括起来，各个对象之间用逗号分隔，就创建了一个元组；也可以使用空的圆括号创建一个空元组；还可以使用 tuple()函数创建元组。

（2）若使用圆括号创建只有一个元素的元组时，要在元素后加上逗号，否则不能创建一个元组。

（3）元组与列表一样，可以使用下标进行索引访问，下标索引从 0 开始；也可以从最后一个元素开始按照负数逆序进行索引访问；还可以进行切片操作。

（4）元组中的元素值不可以修改，但可以对元组进行连接操作，使得原先的元组指向新的元组组合；注意修改元组内的元素和元组的重新组合是两个概念。

（5）del 语句操作可以删除元组，在上例中最后删除 tp2 元组后，再次访问 tp2 则会出现错误提示。

3.3.2　元组的独特性

【例 3.10】对特定元组进行操作，理解元组的独特性。

```
>>> tp = ('MUC', 'Python', 2020, ['abc', 'xyz', 123])
>>> tp
('MUC', 'Python', 2020, ['abc', 'xyz', 123])
>>> tp[3][2] = 'end'
>>> tp
('MUC', 'Python', 2020, ['abc', 'xyz', 'end'])
>>> 1, ['a','b','c'], 2020, 'python', 'muc'
(1, ['a', 'b', 'c'], 2020, 'python', 'muc')
```

知识要点

（1）如果一个元组中的元素是可变对象，那么这个可变对象是可以修改的，从这个角度看，也算是对元组的一个修改，但没有增加或者删除元素，且仅限于可变对象的元素。

（2）对于一组用逗号分开的数据，没有明确定义时，Python 默认该组数据是元组数据。

（3）元组和列表可以通过相应的函数进行转换。

（4）元组的其他运算符操作与列表是一致的，元组的内置函数和方法操作则是与序列的函数和方法保持一致。

巩固与拓展

随机产生 8 个 50 以内的数字组成一个元组，找出元组内的极值。

练习提示

使用 random 库中的 randint()生成 8 个随机数，组成一个元组，再遍历元组内的所有元素，找出最大值和最小值。

3.4　字典

字典是映射数据类型，是键值对元素组成的无序集合。每一个键值对代表字典的一个元素，键代表了元素的特征项，可以理解为属性、关键字，值则是指与键对应的内容数据，是键这个属性下的具体内容。字典的数据是用花括号{}括起来的一组数据，每一个键值对元素之间用逗号分隔，键值对之间用冒号分隔。作为字典元素的键值对，有其特定的要求，键必须是不可变对象，且字典中键不能重复，每一个键只能出现一次，键值对中的值则相对自由，可以是可变对象也可以是不可变对象，且值在字典的不同元素中可重复出现。

3.4.1　字典的基本操作

【例 3.11】创建字典数据，并对字典数据进行简单的操作。

```
>>> dict1 = {}
>>> dict1
{}
```

```
>>> type(dict1)
<class 'dict'>
>>> dict2 = {'Jerry':8, 'Tom':5, 'Mary':10}
>>> dict2
{'Jerry': 8, 'Tom': 5, 'Mary': 10}
>>> dict3 = {'Name':'Tom','Age':22, 'Sex':'Male', 123:'China USA US'}
>>> dict3
{'Name': 'Tom', 'Age': 22, 'Sex': 'Male', 123: 'China USA US'}
>>> print("dict2['Jerry']:",dict2['Jerry'])
dict2['Jerry']: 8
>>> dict2['Tom']=7
>>> dict2['Lily']=9
>>> dict2
{'Jerry': 8, 'Tom': 7, 'Mary': 10, 'Lily': 9}
>>> del dict3[123]
>>> dict3
{'Name': 'Tom', 'Age': 22, 'Sex': 'Male'}
>>> dict3.clear()
>>> dict3
{}
>>> del dict3
>>> dict3
Traceback (most recent call last):
  File "<pyshell#15>", line 1, in <module>
    dict3
NameError: name 'dict3' is not defined
```

知识要点

（1）创建一个空字典，可以直接使用花括号里面不加任何数据赋值给字典变量；若要在创建字典时顺便加入字典的键值对也是可以的，这样就创建了一个带有数据的字典；字典的键是不可变对象，在命名键时可以使用数字、字符串或者是元组，但是不能是可变对象，例如列表等；字典的值可以是任何对象。

（2）访问字典与之前的列表和元组相似，但是不同的是字典是用键来作为索引；当增加一个字典元素（键值对）时，只需要将新的键作为索引并赋值即可，删除一个字典元素则使用 del 命令，使用 clear()方法可将字典清空成为空字典，当使用 del 指令进行操作时，若后边指定的是字典名，则会删除字典变量，再次访问该字典时会报错（见上例最后部分）。

3.4.2　字典的内置函数和方法

【例 3.12】使用字典的内置函数和方法对字典数据进行操作。

```
>>> dict2=\
{'Jerry': 8, 'Tom': 7, 'Mary': 10, 'Lily': 9}
>>> len(dict2)
4
>>> type(dict2)
<class 'dict'>
```

```
>>> str(dict2)
"{'Jerry': 8, 'Tom': 7, 'Mary': 10, 'Lily': 9}"
>>> dict2.items()
dict_items([('Jerry', 8), ('Tom', 7), ('Mary', 10), ('Lily', 9)])
>>> dict2.keys()
dict_keys(['Jerry', 'Tom', 'Mary', 'Lily'])
>>> dict2.values()
dict_values([8, 7, 10, 9])
>>> dict2.get('Lily',20)
9
>>> dict2.get('Lucy',12)
12
>>> dict2
{'Jerry': 8, 'Tom': 7, 'Mary': 10, 'Lily': 9}
>>> dict2.pop('Lily',20)
9
>>> dict2
{'Jerry': 8, 'Tom': 7, 'Mary': 10}
>>> dict2.popitem()
('Mary', 10)
>>> dict2
{'Jerry': 8, 'Tom': 7}
>>> dict3 = dict2.fromkeys('ABCDEF',9)
>>> dict3
{'A': 9, 'B': 9, 'C': 9, 'D': 9, 'E': 9, 'F': 9}
>>> dict2
{'Jerry': 8, 'Tom': 7}
>>> dict3.update(dict2)
>>> dict3
{'A': 9, 'B': 9, 'C': 9, 'D': 9, 'E': 9, 'F': 9, 'Jerry': 8, 'Tom': 7}
>>> dict2.setdefault('Jerry',16)
8
>>> dict2
{'Jerry': 8, 'Tom': 7}
>>> dict2.setdefault('Lily',10)
10
>>> dict2
{'Jerry': 8, 'Tom': 7, 'Lily': 10}
```

【例 3.13】二维列表中存放有若干名学生的基本信息，每个学生的信息包括：姓名、性别和年龄。将男生和女生的人数存入字典并输出。

```
StuInfo=[["王硕","男",18],["李梅","女",21],["赵翔","男",20],["王楠","女",19],
        ["张力","男",20],["陈昊","男",18],["丁宁","女",19],["王飞","男",20]]
StuDict={}
for item in StuInfo:
    sex=item[1]
    StuDict[sex]=StuDict.get(sex,0)+1
print("统计结果为:")
for key,value in StuDict.items():
    print(key,value,"人")
```

知识要点

1. get()方法

使用 get()方法可以提取字典中键所对应的值。使用形式如下所示：

字典名.get(键[，默认值])

默认值是可选参数，当字典不存在给定的键，则返回默认值。例如：

```
>>>stu={'Jerry': 8, 'Tom': 7, 'Mary': 10, 'Lily': 9}
>>>stu.get("Jack",13)
13
```

如果给定键在字典中存在，则返回键所对应的值，此时给定的默认值无效。例如：

```
>>>stu.get("Tom",15)
7
```

如果确定给定键在字典中存在，可以不用设置默认的返回值。例如：

```
>>>stu.get("Mary")
10
```

当给定键在字典不存在时，为了更清楚地提醒用户，默认值也可以用字符串来表示，例如：

```
>>>stu.get("Peter","信息不存在")
'信息不存在'
```

在【例 3.13】中，代码 StuDict[sex]=StuDict.get(sex,0)+1 的功能是：如果字典 StuDict 中存在键 sex，则将 sex 键对应的值加 1；如果没有键 sex，则在字典 StuDict 中创建一个键为 sex、值为 1 的键值对。

2. 字典常用方法

字典操作的专用方法见表 3-3。

表 3-3 字典操作的专用方法

方　　法	功　能　描　述
clear()	清空字典
copy()	返回字典的浅复制副本
items()	返回字典键值对元组组成的列表
keys()	返回字典键组成的列表
values()	返回字典值组成的列表
get()	返回字典某个键所对应的值
pop()	删除并返回指定键对应的字典元素
popitem()	删除并返回一个字典元素组成的元组（后进先出法则）
fromkeys()	使用指定序列和值创建一个字典
update()	更新字典的键值对
setdefault()	返回键对应的默认值，缺少默认值时用参数值更新字典元素

 巩固与拓展

（1）使用字典来管理一个系统所有的账户密码。

（2）处理一篇不低于100字的小文档，统计输出文档中出现次数最多的5个字。

练习提示

（1）使用字典管理账户密码，可以把账户作为键，密码作为键对应的值，只有键和值同时输入正确时才能验证用户合法。

（2）统计文档中的字频，可以使用字典来完成，词和词出现的次数可以对应到字典的键和值，如果字第一次出现则增加字典元素，新出现的字就是键，而对应的值为 1，如果字不是第一次出现，则找到对应的键，将其对应的值加 1，统计完成后将字典按照值排序，则就完成了文档的字频统计。

（3）中文文档在分词（将文章中语句拆分成独立的文字）时，需要借助于第三方库来处理，常用的第三方库是 jieba，这个库不是 Python 标准库，需要单独安装，安装的方法是运行指令：

```
pip install jieba
```

安装后即可以使用库内函数 jieba.lcut()将输入的字符串切分成中文词。（此处若不是操作字符串，则需要使用文件读取操作，可以参考后面章节。）

3.5　应用实例

问题描述

设计一个通讯录管理系统，包括信息的添加、删除和查找等功能。通讯录中每个人的信息如表 3-4 所示。程序运行后，会在屏幕上显示功能列表，按编号选择相应的功能，执行完一项功能后，会继续显示功能列表，可以选择相应的功能继续执行，直到输入编号 0，结束整个程序。功能列表如下所示：

1、添加信息

2、删除信息

3、查找信息

4、统计人数

5、显示信息

0、退出

表 3-4　通讯录数据结构

姓　　名	电　　话	工 作 地 点
张三	13812345678	北京
李四	18512345678	上海
王五	13912345678	广州

基本思路

使用列表存储所有朋友的信息，列表中的每个元素也是一个列表，用于存储一个朋友的所有信息。整个数据结构可以看成是二维列表，其中每一行是一个人的完整信息。

程序主体是个循环结构，在循环体内，先显示功能列表，再输入功能编号（input()得到是字符串，需要通过 int()函数将数字字符串转成整数），最后通过多分支结构实现不同的功能，直到输入 0，退出循环，结束整个程序。

添加信息是直接在已有列表尾部追加一维列表，其他几项功能在处理时需要判断存放通讯录的列表是否为空。

程序代码

```python
import sys
flag=1
data=[]
while( 1 ):
    print("********************")
    print("  1、添加信息")
    print("  2、删除信息")
    print("  3、查找信息")
    print("  4、统计人数")
    print("  5、显示信息")
    print("  0、退出")
    print("********************")
    ch=int(input("请输入功能编号:"))
    if( ch==1 ):
        person=[]
        info=input("请输入姓名，电话，工作地点(中文逗号分隔)")
        person=info.strip(" ").split("，")
        data.append(person)
    elif( ch==2 ):
        flag=0
        if(len(data)==0):
            print("通讯录为空!")
        else:
            name=input("请输入要删除的姓名:").strip(" ")
            for line in data:
                if(line[0]==name):
                    flag=1
                    data.remove(line)
                    break
            if(flag==0):
                print("没找{}的信息!".format(name))
    elif( ch==3 ):
        flag=0
        if(len(data)==0):
            print("通讯录为空!")
        else:
            name=input("请输入要查找的姓名:").strip(" ")
            for line in data:
                if(line[0]==name):
                    flag=1
```

```
                print("查询结果为: ")
                print(line[0],line[1],line[2])
                break
        if(flag==0):
            print("没找{}的信息!".format(name))
elif(ch==4):
    if(len(data)>0):
        p_dict={}
        for line in data:
            p_dict[line[2]]=p_dict.get(line[2],0)+1
        print("统计结果为:")
        for key,value in p_dict.items():
            print(key,value,"人")
    else:
        print("通讯录为空!")

elif(ch==5):
    if(len(data)>0):
        for line in data:
            for item in line:
                print(item,end=' ')
            print("\n")
    else:
        print("通讯录为空!")
elif(ch==0):
    sys.exit(0)
else:
    print("功能编号错误!")
```

第 4 章

函　数

为了更好地解决程序设计面临的复杂性和重用性的问题，引入函数的概念。函数就是将具有特定功能的代码段封装起来作为整体以方便调用，从而使得程序的结构清晰合理，同时也提高了代码的使用效率。本章将简要介绍函数的定义和调用方法、变量的作用域，理解函数的作用，建立模块化程序设计的思想。

学习目标

通过本章的学习，应该掌握以下内容：

（1）Python 语言函数的定义。

（2）函数的调用方法。

（3）局部变量和全局变量。

（4）模块化编程思想。

在学习函数前，有必要弄清楚为什么要使用函数。使用函数主要有两个目的：一是分解问题，降低编程难度；二是代码的重复利用。在现实应用中，随着解决问题复杂度的提高，如果仅用一段代码来编程实现，将会带来很大的实现难度，这个时候如果能够将问题分解成多个独立的问题，则会减少编程难度，同时也可以多个工程师同时工作，提高了工作效率。另外，在问题解决过程中，会遇到同样的功能模块多次被用到，这个时候把具备此功能的功能模块代码封装后做成一个功能函数，使用时直接调用即可，实现了代码重用和共享，同时也提高了编程的效率。

在计算机编程中，将具备某一特定功能的代码通过某种格式组织在一起，并指定一个名称（函数名），在使用这个功能时只需调用函数名即可，这就是计算机编程中的函数概念。给代码段指定的名字就是函数名。

Python 语言的函数由系统内置函数、Python 标准库函数和用户自定义函数组成。系统内置函数在编程时可以直接调用，标准库函数需要在使用前导入，这两类函数都是由前辈工程师编写完善的函数，方便编程实现；同时库函数也经过编程的检验和修改，其运行效率也会很高。但是需要按照特定的方法进行引用，具备一定的局限。用户自定义函数则是编程人员根据解决具体问题需要自行编写的函数，在编写这些函数时可以使用前面两种库函数，也可以自行实现所有代码，自定义函数具备极大的灵活性，是编程中最常使用的一种方法。本章就针对自定义函数进行讲述，在了解了自定义函数后，就可以很容易地使用标准库函数了。

4.1　函数的定义和调用

【**例 4.1**】编写一个函数，实现机器人自动问好的功能。

```
def hello():
    print("Hello!")
    print("I am Robot A. ")
    print("Nice to meet you!")
```

上面的代码就实现了一个函数，函数名是 hello，能够实现机器人 Robot A 问候语。在使用时，只需调用 hello 即可。如下所示，斜体代表运行结果。

```
hello()
Hello!
I am Robot A.
Nice to meet you!
```

上面函数的功能就是输出一组问候语，当然也可以是你想输出的任何内容，还可以是运算和其他操作，这就简单地阐述了函数是如何工作的。但是上面的例子里没有跟函数交互的信息，也就是我们说的参数，大家可以继续看下面的例子。

【**例 4.2**】编写一个函数，实现机器人自动问候的功能，并能够指出问候的对象。

```
def helloW(name):
    print("Hello!{}!".format(name))
    print("I am Robot A. ")
    print("Nice to meet you!")
```

调用函数运行结果如下所示，斜体代表运行结果。

```
>>> helloW("Jerry")
Hello!Jerry!
I am Robot A.
Nice to meet you!
```

本例与上例的不同之处就是在调用函数时传递了信息，也就是告诉函数要和谁打招呼，这个时候函数收到内容，可以在问候语中加入问候对象的名字，让问候变得更加明确和亲切。那么这个传递的信息就是函数的参数。

知识要点

1．函数的定义格式

Python 函数的定义有固定的格式和语法要求，使用 def 保留字定义一个函数，具体形式如下：

```
def <函数名>(<参数列表>):
    <函数体>
    return <返回值列表>
```

上面的格式就是定义函数的语法形式，函数名是函数定义后的引用标识，函数名可以是任何符合 Python 语法要求的有效标识符；参数列表就是上例中所说的调用函数时的传递信息，参数可以是一个，也可以是多个，多个参数时用逗号分隔，还可以不要参数，如第一个例子中那样，没有参数时仅仅执行函数体内的代码，需要注意的是，没有参数时括号依然要保留。函数体就是函数的内容，也就是调用函数时需要运行的语句。return 语句是表示调用函数的返回值，return 是保留字，如果在函数体执行后有需要返回的值，则通过 return 语句返回，可以返回一个值也可以返回多个值，没有返回值时可以省去 return 语句。

2. 函数的调用

函数调用和执行的一般形式如下：

```
<函数名>(<参数列表>)
```

3. 形参与实参

在函数定义时，参数列表里面的参数是形式参数，简称"形参"；在函数调用时，参数列表中给出要传入函数内部的参数，这类参数称为实际参数，简称"实参"。"形参"和"实参"其实就是同一内容在不同场合的两种叫法，在使用中，二者要保持类型和属性的一致才能保障函数的定义和调用不出现错误。

4.2　函数的参数传递

【例 4.3】编写一个函数进行数学运算，要求有三个形参且形参中有默认值。

```
def jisuan(x, y, z = 8):
    print(x*y)
    print(x+y+z)
    print(6*'*')
```

用这个函数，并给形参赋值，运行结果如下：

```
>>>jisuan(2,3)
6
13
******
>>>jisuan(1,2,3)
2
6
******
```

这个定义的函数中，出现三个形式参数，前两个没有在定义中指定值，最后一个参数则设定了值，这个值就是默认值，表示在调用这个函数时如果不指定最后一个参数则最后一个参数使用默认值。因此在两次调用函数时，虽然实参的指定数量不同，但不影响函数正常运行。

【例 4.4】编写一个带默认值的函数，在函数中运算后将结果用 return 语句返回。

```
def jisuan(x, y, z = 8):
    return(x+y+z)
>>>s = jisuan(x=1,y=2,z=3)
>>>print(s)
6
```

在本例中，出现了 return 语句，return 是 Python 的关键字，它是向调用它的主程序函数传递一个或者多个值。另外在本例中，出现了在调用函数时，使用参数名加赋值的形式进行参数设定，这样参数设定会更直观，避免顺序错误的出现。

知识要点

1. 可选参数传递

如【例 4.3】中所述那样，在定义函数时，形式参数可以设定默认值，这个默认值在函数调用时如果没有对应的实参传递，则在函数体内使用参数的默认值。定义可选参数函数的语法形式如下：

```
def <函数名>(<非可选参数列表>, <可选参数> = <默认值> ):
    <函数体>
    return <返回值列表>
```

非可选参数和可选参数在函数定义时要区分开，非可选参数在参数列表的前部，可选参数在所有非可选参数的后面，不能出现两种参数混合排列的情形，也不能将可选参数放在非可选参数的前面。

2. 参数名称传递

在调用函数时，参数传递可以是按照位置传递，如【例 4.3】所示；也可以使用参数名称传递，如【例 4.4】所示。当使用位置传递参数时，参数的位置是不能随意变动的，也就是说函数定义时的位置就是函数调用时参数的位置，必须一致；若使用函数的参数名称方式进行参数传递，则对位置顺序没有要求。参数名称传递的语法形式如下：

```
<函数名>(<参数名> = <实际赋值>)
```

3. 函数的返回值

函数可以实现一些特定操作，这些操作在函数体执行过程中就已经完成了任务。当然，函数也会有特定的计算功能，通过参数的传递和函数体语句的执行，将相应的计算结果计算出来，若要将这个结果返回给调用这个函数的主程序时，则会用到 return 语句，return 语句负责将运算值返回给上层程序，也可以使用函数的返回值对其他变量进行赋值，如【例 4.4】中所示，将运算结果返回并赋值给了变量 s。

需要注意的是，若仅有返回值的操作，则调用函数后不会打印输出任何内容，除非是将返回值赋值给其他变量或者将其用于打印输出操作才能在调用时打印输出。

另外，函数调用的返回值可以是一个，也可以是多个返回值，如果是多个返回值，这些值组成一个元组数据类型，在实际操作时，多个返回值可以赋值给多个变量进行保存。

4.3　变量的作用域

【例 4.5】分析下面程序中同名变量的不同作用。

```
number = 0
def add(num1, num2):
    number = num1 + num2
```

```
    print("函数内变量number: ", number)
    return number
add(1,2)
print("函数外变量number: ", number)
```

程序运行结果是：

```
函数内变量number:  3
函数外变量number:  0
```

本例中作为变量 number，出现在了函数内部和外部，虽然是同名变量，却有着不同的意义，主要原因就是代表了不同的变量作用域。函数 add() 中的 number 变量仅在函数内部有效，而在调用函数后，函数体执行完毕返回到主程序中，number 变量则代表了另外一个变量，这个变量可以理解为全局变量，而函数内的 number 变量称为局部变量。所以同名的 number 却有不同的值。

【例 4.6】编写程序，使得函数内部可以操作全局变量。

```
number = 0
def add(num1, num2):
    global number
    number = num1 + num2
    print("函数内变量number: ", number)
    return number
add(1,2)
print("函数外变量number: ", number)
```

程序运行结果是：

```
函数内变量number:  3
函数外变量number:  3
```

本例中和【例 4.5】中唯一不同的地方就是多了一条 global 语句，global 是 Python 中的保留字，用于声明变量为全局变量。在函数内部声明变量 number 为全局变量，则函数内的 number 与函数外的 number 为同一变量，函数内操作该变量时影响到函数外的变量值，因此程序最终运行结果是一致的。需要注意的是，使用 global 对全局变量声明时，声明的变量要与外部变量同名。

知识要点

1. 局部变量

局部变量指在函数内部定义的变量，该变量仅在函数内部有效，当退出该函数时变量将不再存在。局部变量只能在其被声明的函数内部访问，若超出了函数，则无法访问到，在程序运行时会提示出错信息。

2. 全局变量

全局变量指在函数之外定义的变量，在程序执行全过程有效。全局变量在函数内部使用时需要提前使用保留字 global 声明，语法形式是：

```
global < 全局变量 >
```

4.4 函数模块化编程

【例 4.7】将第 3 章中【例 3.8】进行改写，将每一种类型的操作改写成一个可被调用的函数。

```python
# 具体功能都用函数来实现
def add_student():
    new_score = input("按照学号、姓名和成绩的顺序输入一条学生信息(用逗号分开):\n").strip(" ")
    new_score = new_score.strip(" ").split(",")
    new_score[0] = int(new_score[0])
    new_score[2] = int(new_score[2])
    return score.append(new_score)
def del_student():
    num = int(input("输入删除的学号:").strip(" "))
    count = len(score)
    for item in score:
        count = count-1
        if item[0]==num:
            score.remove(item)
            print("删除成功")
            break
        if(count==0):
            print("没有这条数据")
def average():
    sum = 0
    for item in score:
        sum = sum+item[2]
    if sum == 0:
        print("学生数据为空")
    else:
        average = sum/len(score)
        print(average)
def top3(line):
    line=sorted(line,key=(lambda item:item[2]),reverse=True)
    print(line[0:3])
score = [[1901,'张三',80],[1902,'李四',76],[1903,'王五',90],[1904,'赵六',68],[1905,'孙七',86]]
for item in score:
    print(item)
print("*******><><*******")
while(1):
    print("1.增加一条学生成绩")
    print("2.按照学号删除成绩")
    print("3.全部学生成绩平均值")
    print("4.输出成绩的前三名")
    print("0.Exit")
    try:
        choice=int(input("输入你的选择:").strip(" "))
        if choice==0:
            break
```

```
        elif choice==1:
            add_student()
        elif choice==2:
            del_student()
        elif choice==3:
            average()
        elif choice==4:
            top3(score)
        else:
            print("！！！输入编号错误！！！")
    except:
        print("！！！请输入数字！！！")
```

知识要点

1. 函数的定义和调用

从本例中，可以非常直观地看到程序的运行逻辑，在 while 循环中，每一个分支对应一个操作类型，而操作的具体过程在函数定义的代码中实现，这样的主程序就能够逻辑清晰，避免繁杂造成的读和调试的不便。根据程序的要求，增加一条信息、删除一条信息、求平均分数、排序取前三名分别由四个函数 add_student()、del_student()、average()、top3()来实现，这些函数定义在程序的开头部分，后边的程序可以直接调用。另外，可以看到，函数中有带参数的函数，有不带参数的函数，根据处理数据的需要来决定定义哪种类型的函数。

2. 异常处理

Python 中的错误有语法错误、逻辑错误和运行错误三种。语法错误将导致程序无法运行；逻辑错误则会导致运行结果出错，这种错误在没有发现之前导致的错误是隐蔽的，有可能会误导程序的使用；运行错误则是程序运行过程中出现的意外事件，会影响到程序的运行甚至崩溃。所以通常所说的异常就是指运行错误，这个错误是要想办法避免的，这也是程序设计的一部分。

在程序执行过程中，Python 解释器若检测到一个错误，就会出现异常，并通过错误提示反馈给终端，并不是所有的异常都会导致程序的崩溃，若能够及时地判断到异常有可能出现，提前做好程序设计中的异常处理环节，就能保证程序正常运行，同时也增强了程序的健壮性。

Python 系统中可能产生的常见异常如表 4-1 所示。

表 4-1　Python 常见异常及含义

异 常 名	异 常 含 义
Exception	常规异常基类，可以捕获任意异常
NameError	未声明或未初始化的变量被引用
SyntaxError	语法错误
ZeroDivisionError	除数为 0
IndexError	索引超出范围
FileNotFoundError	要打开的文件不存在
AttributeError	对象的属性不存在

　　程序运行中的异常，一般在程序设计时都是要尽量避免的，若因为一些程序交互产生的异常风险存在，这个时候就需要采用一些专用避免异常中断的方法。在 Python 中，常用的方法是使用 try 语句进行检测和处理，try 语句常用语法形式有：

```
i.        try … except
ii.       try … except … else
iii.      try … except … finally
```

　　try … except 的语法格式如下所示，被检测语句如果不出现异常，正常执行，且忽略 except 语句后内容；若 try 语句后出现异常，则转入 except 语句后，执行异常处理语句块。

```
try:
     <被检测的语句块>
except <异常名>:
     <异常处理语句块>
```

　　加了 else 语句后，若 try 语句无异常，则会执行 else 语句后的内容，有异常则会执行 except 异常处理语句块。finally 语句很特殊，它是为了保障一些特殊操作一定能执行，避免影响到程序执行过程中一些进程而设置的，finally 子句在 try 语句中出现，无论是否出现异常，finally 子句的内容一定会执行到，从而保证一些特殊操作一定要执行到。（如文件的关闭操作，若执行不到，文件将处于非正常状态。）

　　另外，若是出现多种异常，except 子句是可以多次出现，为多个异常进行分支操作。

巩固与拓展

（1）函数的嵌套调用。

（2）函数的递归调用。

练习提示

1. 函数的嵌套调用

　　函数的嵌套调用是指在函数的函数体中存在对其他函数的调用，函数之间呈现出层次结构，函数嵌套调用可以是多层嵌套的关系。函数嵌套调用往往是解决问题的有效思路，把一个大的问题分类成几个问题，把每一类作为一个函数进行定义，这样就很容易实现功能的叠加来解决问题本身，避免程序的复杂和冗长。

2. 函数的递归调用

　　在调用一个函数的过程中又出现直接或者间接地调用该函数本身，这种调用现象称为函数的递归调用。递归调用是一种特殊的嵌套调用，递归方法在解决一些问题时有着特殊的优势，原因在于有些问题本身就是按照递归的思想定义的，比如说阶乘算法、连加等；还有一些问题在使用递归思想时能明显地使得问题变得简单明了，容易进行问题解决的编程操作，比如汉诺塔问题。

　　函数嵌套和递归问题是非常经典的编程问题，请同学们自行查阅相关资料进行学习和理解，掌握其解决问题的思想。

4.5 应用实例

问题描述

将 3.5 节应用实例中的添加信息、删除信息、查询信息、统计人数和显示信息 5 个功能分别用 5 个自定义函数实现。

基本思路

定义一个存放所有人信息的空列表，添加信息函数给它添加数据，删除信息函数从该列表中删除数据，查询、统计和显示只使用该列表中的数据。5 个自定义函数都需要使用列表中的数据，设为 5 个函数的形参。为了得到更新后的数据，需要将添加和删除函数处理后的结果返回赋给该列表。

程序代码

```python
import sys
flag=1
data_end=[]
def insert( data ):
    person=[]
    info=input("请输入姓名，电话，工作地点(中文逗号分隔)")
    person=info.strip(" ").split(", ")
    data.append(person)
    return data

def delete( data ):
    flag=0
    if(len(data)==0):
        print("通讯录为空!")
    else:
        name=input("请输入要删除的姓名:").strip(" ")
        for line in data:
            if(line[0]==name):
                flag=1
                data.remove(line)
                break
        if(flag==0):
            print("没找{}的信息!".format(name))
    return data

def search( data ):
    flag=0
    if(len(data)==0):
        print("通讯录为空!")
    else:
        name=input("请输入要查找的姓名:").strip(" ")
        for line in data:
            if(line[0]==name):
                flag=1
```

```
                print("查询结果为: ")
                print(line[0],line[1],line[2])
                break
        if(flag==0):
            print("没找{}的信息!".format(name))
def count( data ):
    if(len(data)>0):
        p_dict={}
        for line in data:
            p_dict[line[2]]=p_dict.get(line[2],0)+1
        print("统计结果为:")
        for key,value in p_dict.items():
            print(key,value,"人")
    else:
        print("通讯录为空!")


def show( data ):
    if(len(data)>0):
        for line in data:
            for item in line:
                print(item,end=' ')
            print("\n")
    else:
        print("通讯录为空!")


while( 1 ):
    print("********************")
    print("  1、添加信息")
    print("  2、删除信息")
    print("  3、查找信息")
    print("  4、统计各省的人数")
    print("  5、显示信息")
    print("  0、退出")
    print("********************")
    ch=int(input("请输入功能编号:"))
    if( ch==1 ):
        data_end=insert( data_end )
    elif( ch==2 ):
        data_end=delete( data_end )
    elif( ch==3 ):
        search( data_end )
    elif(ch==4):
        count( data_end )
    elif(ch==5):
        show( data_end )
    elif(ch==0):
        sys.exit(0)
    else:
        print("功能编号错误!")
```

第5章
文　件

计算机编程中，当编写的程序用于实际的工作生产中时，则需要将程序运行期间的数据等信息记录下来输出，这时候就会用到文件操作。文件在 Python 中是一个对象类型，它既可以是计算机存储系统上具体的文件，也可以代表抽象概念的类文件。Python 中的文件有文本文件和二进制文件两种存储格式，文件基本操作就是读写操作。

学习目标

通过本章的学习，应该掌握以下内容：
（1）文件的打开与关闭操作。
（2）文件的读写方法。
（4）操作 CSV 文件。
（5）操作文本文件。

Python 中，对存储在存储介质上的文件进行操作时，首先要通过特定的函数对文件进行打开操作，打开后文件作为一个数据对象存在，可以对文件进行读、写等操作，当文件操作结束后，需要采用关闭文件的方法，防止文件一直被当前程序占用而无法被其他程序使用。当文件关闭后，文件处于存储状态。文本文件和二进制文件都是这样的操作流程。本节介绍文件基本操作中的打开、关闭、读和写的操作，理解如何在 Python 中使用文件。

5.1　文件的打开和关闭操作

【例 5.1】打开一个当前目录下的文件，进行简单的操作后，关闭这个文件。

```
>>> paper = open('first','x')
>>> paper.write("Welcome to Python File World!")
29
>>> paper.close()
>>> paper2 = open('first','r')
>>> hello = paper2.readline()
>>> print(hello)
Welcome to Python File World!
```

```
>>> paper2.close()
```

知识要点

（1）本例中创建了一个文件名为 first 的文件，涉及文件操作的打开、关闭、写和读的操作，但是重点是在强调文件打开和关闭的使用逻辑，关于读写操作在下节会讲述。

（2）本例中有两个变量，分别是 paper 和 paper2，都是文件 first 打开后的对象，为了区别创建文件和调用文件而将变量做了命名区别。程序实现了创建一个文件 first，以只写方式操作，写入一行语句后关闭文件，再次调用打开文件，读取一行内容后，关闭文件。

（3）在文件操作时，要打开文件需要用到 open()函数建立文件对象，进行文件操作时打开文件建立对象是文件操作的第一步，open()函数格式如下：

```
<变量名> = open (<文件名>, <打开模式>)
```

变量名是文件打开后进行文件操作的对象名称，文件名则是文件实际名字或者是含有存储路径的文件完整名，打开模式则是如何操作文件而设定的操作类型，具体打开模式参数如表 5-1 所示。

表 5-1 open()函数打开模式

打 开 模 式	功 能 含 义
'r'	只读模式（默认）
'w'	只写模式，如果文件存在则覆盖原文件，不存在则新建
'x'	创建新文件，且以只写方式打开
'a'	追加写方式打开文件，文件不存在则新建，存在则在文件最后追加写入
'b'	二进制文件模式
't'	文本模式（默认）
'+'	用于模式叠加操作，在原有模式上同时增加读写模式

（4）文件打开后操作完毕退出时，需要进行关闭文件的操作，关闭文件需要使用 close()方法，close()函数的格式如下：

```
<变量名>.close()
```

5.2 文件的读写操作

文件的基本操作就是读和写，在打开文件后，就是执行读和写操作，从而完成文件的修改。文件又分为文本文件和二进制文件两种，文本文件的读写是按照字符串方式进行，二进制文件的读写则是按照字节流方式进行。

【**例 5.2**】新建一个文件，并向文件内写入几行数据，写完后重新定位读写指针位置到文件的开头，打印输出全部文件的内容。

```
>>> paper = open('first','w+')
>>> print(paper.read())

>>> paper.write('Welcome to Python File World!\r\n')
31
```

```
>>> paper.write('Python is very powerful!\r\n')
26
>>> paper.write('Python is also interesting!\r\n')
29
>>> print(paper.read())

>>> paper.seek(0)
0
>>> print(paper.read())
Welcome to Python File World!
Python is very powerful!
Python is also interesting!

>>> paper.close()
```

知识要点

（1）Python 文件的读写必须在文件在合理的模式下打开后进行，读写操作完成后需要关闭文件。

（2）【例 5.2】中使用 open()函数打开 first 文件时，使用了打开模式参数是 "w"，只写模式打开，若文件存在则覆盖原文件，文件不存在时新建文件。因此在打开文件后，使用打印输出 paper.read()的返回值为空，在命令行模式下返回一个空行。随后使用 paper.write()指令写入文件内容，返回的是写入文件行的字符个数数值，若返回数字也代表写入成功。当写入全部数据后，如果接着使用 paper.read()指令，返回数据仍为空，原因是读写指针指向了文件的末尾，重新使用 seek()定位指针到文件的开头，则可以使用读指令读到全部的文件内容。

（3）在 Python 语言中，读写的方法如表 5-2 所示。

表 5-2　文件的读写方法

方 法 函 数	功 能 含 义
read()	返回字符串或者字节串，可设定参数指定返回数量，不指定或者负数时返回全部内容
readline()	读取一行数据，指定参数时返回参数指定字节数的字符
readlines()	以行为单位读取多行数据，指定参数时表示返回的行数
write()	将指定的数据写入文件，参数就是要写入的数据，返回写入的字节数大小
writelines()	写入一个字符串的列表到文件中，不返回结果
seek()	设定读写指针的指向位置（0 表示开头，1 指当前位置，2 指文件末尾）
tell()	返回读写指针的指向位置

5.3　文本文件操作

文本文件是计算机系统中最常用的文件，用于保存系统运行过程中的各种数据和信息，在 Python 编程设计中，对文本文件的操作也是常用的，包括读取文件内容、查找、修改等操作。先通过一个文件操作的例子来了解一下文本文件的具体编程操作。

【例 5.3】读取一个记录了用户信息（账号和密码）的文本文件，用户信息包括账号名和密码两部分，文本中每行记录一条用户信息，账号和密码之间用空格分开。查找文件中是否存在一个账号名为 hello 的账号，如果存在，将账号对应的密码修改为 123456；若不存在，则在文件尾部追加一个 hello 账户信息，并设定密码为 123456。

程序代码如下：

```python
print("文本内原始信息: ")
with open('Users.txt', 'r',encoding='utf-8') as f:
    userList = []
    for line in f.readlines():
        print(line.strip('\n'))
        user=line.strip('\n').split(' ')
        userList.append(user)
flag=0
for item in userList:
    if item[0]=="hello":
        item[1]="123456"
        flag=1
if flag==0:
    newUser=["hello","123456"]
    userList.append(newUser)
print("修改后文本信息: ")
with open('Users.txt', 'w',encoding='utf-8') as f_w:
    for item in userList:
        f_w.write(item[0]+" "+item[1]+'\n')
        print(item[0]+" "+item[1])
if flag==1:
    print("hello用户存在，密码已修改")
else:
    print("hello用户不存在，已创建此用户")
```

代码运行结果：

```
文本内原始信息:
admin 666
test 8866
user 123456
修改后文本信息:
admin 666
test 8866
user 123456
hello 123456
hello用户不存在，已创建此用户
```

5.4 CSV格式文件的读/写

CSV（Comma-Separated Values）含义是逗号分隔值，是一种以纯文本形式存储表格数据的文件。CSV 文件的扩展名是.csv，文件是由任意数目的字符序列构成。一般要求每一行数据用逗号分隔符隔开，一行数据不跨行；多行数据之间的数据段是相同的，无空行存在，多行数据构成了实际意义上的二维数据列表。如果需要列名数据，可以放在文件的第一行。

CSV 是文本文档，文本操作的方法也同样适用于 CSV 格式的文件。CSV 格式的文件本质上可以看成是由行和列构成的二维数据列表，可以使用列表嵌套的方法进行数据处理操作。

【例 5.4】有一个存放学生信息的文件 student.csv，存有五名学生的学号、姓名、成绩信息，读取并显示文件内容，计算学生成绩的平均值，根据学生的成绩进行排序，并将排序后的结果写入新文件 student123.csv 中。

```
学号,姓名,成绩
1901,张三,80
1902,李四,76
1903,王五,90
1904,赵六,68
1905,孙七,86
```

【分析】上面所示为文件的内容，要读取文件内容，需要先打开文件操作，遍历文件读取文件每一行数据，其数据格式为：'1901,张三,80\n'，使用 strip()去掉行末的换行符'\n'，使用 split()函数根据逗号分隔元素生产一个列表，格式为['1901','张三','80']。再把一维列表添加到一个列表变量中作为列表 student_xy 的一个元素。对整个文件内的多行数据进行操作，则能生成多个一维列表，将得到的一维列表追加到 student_xy 中，这些操作就把对 CSV 文件的操作转化成了对二维列表的操作，列表中的每一个元素是由学生信息构成的一维列表。将处理好的数据写入文件时，则需要注意，文件在打开操作是需要有写权限，另外还需要把逗号和换行符一起写入 CSV 文件中去。具体的代码实现如下所示。

```python
#【例5.4】CSV文件的操作示例
student_xy = []
print("原文件内容是: ")
with open('student.csv','r',encoding='gb18030') as data:
    for line in data:
        print(line.strip())
        line = line.strip()
        student_xy.append(line.split(','))
print("转换成列表后是: ")
print(student_xy)
print("课程的平均成绩是: ")
score = student_xy[1:]
sum = 0
for item in score:
    sum = sum + int(item[2])
average = sum/len(score)
print(average)
print("按照成绩排名是: ")
score=sorted(score,key=(lambda item:int(item[2])),reverse=True)
print(score)
#将排序后的数据写入文件中
with open('student123.csv','w',encoding='utf-8') as data:
    data.write(','.join(student_xy[0])+'\n')
    for s in score:
```

```
            data.write(','.join(s)+'\n')
print("排序后的新文件内容是: ")
with open('student123.csv','r',encoding='utf-8') as data:
    for line in data:
        print(line.strip())
```

#【例5.4】程序运行结果（斜体）

原文件内容是：

学号,姓名,成绩

1901,张三,80

1902,李四,76

1903,王五,90

1904,赵六,68

1905,孙七,86

转换成列表后是：

[['学号', '姓名', '成绩'], ['1901', '张三', '80'], ['1902', '李四', '76'],
['1903', '王五', '90'], ['1904', '赵六', '68'], ['1905', '孙七', '86']]

课程的平均成绩是：

80.0

按照成绩排名是：

[['1903', '王五', '90'], ['1905', '孙七', '86'], ['1901', '张三', '80'], ['1902',
'李四', '76'], ['1904', '赵六', '68']]

排序后的新文件内容是：

学号,姓名,成绩

1903,王五,90

1905,孙七,86

1901,张三,80

1902,李四,76

1904,赵六,68

知识要点

1. CSV 文件如何创建

CSV 文件可以用 Windows 平台的记事本或者 Office Excel 打开，也可以用其他操作系统平台上的文本编辑软件打开。因此，也可以使用这些文本编辑软件来创建扩展名为.csv 的文本文件，也可以使用 Excel"另存为"命令把表格转换为 CSV 文件。在 Python 程序设计时，可以直接把相关数据按照 CSV 文件的格式进行存储。

2. CSV 文件打开操作时的编码类型

在【例 5.4】的代码中，不难发现，在打开 student.csv 文件操作时，使用的编码方式是"gb18030"；而后面涉及相关操作时使用的是"uft-8"，之所以不同，是因为 student.csv 文件是在操作系统下的文本编辑软件生成的，默认了与之相关的编码方式；而后边的文件写入操作时指定了编码方式，因此打开时要选择一致的方式。若文件选择了不同的编码方式，则程序运行时就会出现错误而中断运行。

3. 文件的路径

【例 5.4】中的程序文件和数据文件在同一目录下，因此在程序中只需要引用文件名即可；

若数据文件不在同一文件夹里，则需要按照实际路径指定 open()函数的参数，示例如下：

```
open('./test/student.csv','r',encoding='gb18030')
open('/Users/DRW/Code/test/student.csv','r',encoding='gb18030')
```

函数中参数指定文件时分别使用了相对路径和绝对路径两种方式。

4．with 语句

【例 5.4】中在打开文件操作时使用了 with 语句，因为使用了 with 语句，则省去了关闭文件的 f.close()操作，带来了便利，同时也避免了因忘记关闭文件操作带来的其他问题。with 语句在这里有一个专用的称谓，就是上下文管理语句。

with 语句的语法格式是：

```
with <上下文管理表达式> [, <变量>] :
<语句块>
```

文件操作使用 with 上下文管理语句后，不用再使用 f.close()显式关闭文件，一旦代码离开 with 语句的隶属范围，文件 f 的关闭操作会自动执行。即使上下文管理器范围内的代码因错误异常退出，文件 f 的关闭操作也会正常执行。

5．文件目录

文件存储离不开磁盘的目录，Python 系统的 os 模块提供了许多关于文件和目录的操作方法，仅在使用前将 os 模块导入即可，常用方法如表 5-3 所示。

表 5-3 文件目录方法

方 法 函 数	功 能 含 义
remove()	删除文件，参数为文件名或带路径的文件名
rename()	文件重命名，参数为新文件名和旧文件名
mkdir()	在当前目录下创建新目录，参数为目录名
chdir()	切换其他目录为当前目录
getcwd()	返回当前的工作目录
rmdir()	删除目录，参数为目录名
listdir()	返回当前目录下的子目录和文件名

巩固与拓展

（1）Python 读写 Word 文件。

（2）Python 读写 Excel 文件。

练习提示

在 Python 中，读取 Word 文件需要安装 python-docx 库，导入时要使用 import docx 引入此模块。读写 Excel 文件需要用到两个库：一个是 xlrd 库，能够用来对 Excel 文件进行读取操作；一个 xlwt 库，能够用来对 Excel 文件进行写入操作。

5.5 应用实例

问题描述

现有两个文件：一个是保存星座及其时间信息的文本文件，另一个是保存若干人姓名及其生日的"生日.csv"文件，现在要求将"生日.csv"文件中所有人的姓名、生日和星座写入文件"生日星座.csv"，同时将各个星座的人数统计出来，保存到文件"星座统计.txt"中。4个文件的内容格式如图5-1所示。

图5-1　4个文件的内容格式

基本思路

（1）首先从"星座.txt"文件中读出星座及其所对应的起始和截止时间，存入一个二维列表中。

注意，该文件第3列和第4列代表星座的起始的月份和日子，如果长度是3的数据，其中第1个字符代表月，后面2个字符代表日。如果长度是4的数据，前2个字符代表月，后两个字符代表日。例如，120代表，1月20日，1123代表11月23日。

在读取时，先将每行数据转成列表形式，再抽取每行中的星座名、起始月、起始日、结束月、结束日，存入一个二维列表中。

（2）从"生日.csv"文件中读取每个人的生日，然后在第一步读取得到的星座列表中搜索该人应该是什么星座。即一边读取一边判断该人属于哪个星座。最终得到每个人的生日及对应星座的二维列表。

（3）将第二步得到的列表写入文件"生日星座.csv"，注意，这时可以使用 csv 库中的写单行（writerow）和写多行（writerows）方法，需要用 import csv 导入该库。

（4）统计每个星座的人数。创建一个空的字典，再利用第二步得到的生日及对应星座的二维列表可以统计出相应星座的人数，写入字典。最后将字典数据写入"星座统计.txt"，每行最后要写入换行字符"\n"。

程序代码

```
import csv
def readtxt(filename):#读取保存星座信息的文本文件，并得到一个星座及其时间的二维列表
    with open(filename,"r") as f:
        ls=[]
        for line in f:
            s=line.strip("\n").split(",")    #每行形成一个列表
            ls.append(s)
        xing_all=[]              #存储所有的星座名及其划分的起始与截至时间的二维列表
        for row in ls:
            xing_one=[]          #用来存储每个星座的名称及起始与截至时间一维列表
            if len(row[2])==3:              #如果日期长度为3
                yue1=row[2][0]             #第一个字符代表月
                ri1=row[2][1:3]            #后面两个字符代表日
            else:#如果日期长度为4
                yue1=row[2][0:2]          #前两个字符代表月
                ri1=row[2][2:4]           #后两个字符代表日
            if len(row[3])==3:
                yue2=row[3][0]
                ri2=row[3][1:3]
            else:
                yue2=row[3][0:2]
                ri2=row[3][2:4]
            xing_one.append(row[1])        #添加星座
            xing_one.append(int(yue1))     #起始月
            xing_one.append(int(ri1))      #起始日
            xing_one.append(int(yue2))     #截至月
            xing_one.append(int(ri2))      #截至日
            xing_all.append(xing_one)      #将一个星座的名称及时间信息存入二维列表
    return xing_all

def readscv(filename,xing):
    with open(filename,"r") as f:
        f.readline()                       #将标题行跳过不存
        sr=f.readlines()                   #读取所有人的姓名和生日
        people=[]                          #存储所有人姓名、生日和星座的二维列表
        for item in sr:
            person=[]                      #存储一个人姓名、生日和星座的一维列表
```

```
            per=item.strip("\n").split(",")        #将item中的字符串转成列表数据
            date=per[1].split("-")                  #将年、月、日分割成列表
            person.append(per[0])                   #添加姓名
            person.append(date[1]+"月"+date[2]+"日")      #添加生日
            for line in xing:                       #从星座数据中判断当前人属于哪个星座
                if (int(date[1])==line[1] and int(date[2])>=line[2]) \
                    or ( int(date[1])==line[3] and int(date[2])<=line[4]):
                    person.append(line[0])          #添加星座
                    break
            people.append(person)                   #将一个人的数据添加到二维列表
    return people

def writecsv(filename,people):
    with open(filename,"w",newline="") as f:
        w = csv.writer(f)
        w.writerow(["姓名","生日","星座"])
        w.writerows(people)

def Stats(people):
    dict_num={ }
    for line in people:
        dict_num[line[2]]=dict_num.get(line[2],0)+1
    return dict_num

def writetxt(filename):
    with open(filename,"w") as f:
        f.write("星座    人数"+"\n")
        f.write("------------"+"\n")
        for key,value in dict_num.items():
            f.write(key+"    "+str(value)+"\n")

if __name__=='__main__':
    list_xing=readtxt("星座.txt")
    list_people=readscv("生日.csv",list_xing)
    writecsv("生日星座.csv",list_people)
    dict_num=Stats(list_people)
    writetxt("星座统计.txt")
```

第6章
面向对象编程

我们知道主流的程序设计方法有两种：面向过程方法和面向对象方法。在面向过程的设计方法中，使用函数的形式把一些代码组织到一个可以反复使用的单元中。对象则是另一种更先进的代码组织思想，它可以把函数和数据封装在一起，更符合人类认识世界的思维方式。面向对象程序设计以对象为核心，程序可以看成由一系列对象组成。

学习目标

通过本章的学习，应该掌握以下内容：

（1）类和对象的概念。

（2）类和对象的定义及使用。

（3）面向对象的三大特征：封装、继承和多态。

6.1 类和对象的概念

6.1.1 类和对象

【例6.1】定义一个 Person 类，能说出姓名和职业，比如："大家好,我叫张三,职业是教师"。

程序代码：

```
1  class Person:
2    def say(self,name,occupation):
3       print("大家好,我叫"+name)
4       print("职业是"+ occupation)
5  teacher=Person( )
6  doctor=Person( )
7  teacher.say("张三","教师")
8  doctor.say("李四","医生")
```

运行情况：

```
大家好,我叫张三
职业是教师
大家好,我叫李四
职业是医生
```

🕰️ 知识要点

1. 类和对象的概念

面向对象编程中，对象是指事物，现实世界的任何一个事物都可以看成对象，比如：一件事、一个物品或一个人等。类是一个抽象的概念，它不是具体事物，只是用来描述若干对象的共性特点。对象是具体的，它指有独特属性的事物。例如："人类"是抽象的，而张三是"人类"的一个对象，他的身高、肤色、长相等特点都是具体而独特的。

在【例 6.1】中，第 1~4 行定义了一个 Person 类，第 5 行创建了一个 Person 类的对象 teacher，第 6 行创建了一个 Person 类的对象 doctor。Person 类中定义了一个方法（类似前面学习的函数），功能是输出对象的具体信息。

2. 类和对象的关系

具有共性的若干对象可以抽象为一个类，通过类可以实例化出若干对象。由于类只是描述对象的抽象特点，它的定义不占用存储空间。对象可以保存具体数据，并可以进行各种操作，一旦创建会占用内存空间。

类和对象之间的关系就好比数据类型和变量之间的关系，数据类型描述了一类数据占用的内存空间和操作方式，变量则是一个存储某类数据的具体容器。

6.1.2　对象属性和方法

【例 6.2】定义一个类 Person，该类包含三个对象属性：姓名、年龄和职业；三个对象方法：一个方法的功能是输出姓名和年龄，另外两个方法的功能分别是判断给定职业或年龄是否与已有相同。

程序代码：

```
1  class Person(object):
2    def __init__ (self,name,age,occupation):
3       self.name=name
4       self.age=age
5       self.occupation=occupation
6    def say(self):
7       print("大家好,我叫"+self.name+", 今年"+str(self.age)+"岁。")
8    def judge_occupation(self,work):
9       if self.occupation==work.strip(" "):
10         print("职业相同!")
11      else:
12         print("职业不同!")
13   def judge_age(self,age):
14      if self.age==age:
15         print("年龄相同! ")
16      else:
17         print("年龄不同! ")
18 person1=Person("张三",30,"教师")
19 person2=Person("赵六",50,"医生")
20 person1.say()
```

```
21 person1.judge_occupation("律师")
22 person1.judge_age(30)
23 person2.judge_occupation("医生")
```

运行情况：

大家好,我叫张三,今年30岁。
职业不同!
年龄相同!
职业相同!

知识要点

1. 什么是对象属性

类的定义包括两个方面：数据成员和成员函数。其中，数据成员用于描述对象的共性特征，也叫对象属性，比如，每个人都有姓名、年龄、身高等属性。一般使用变量保存对象属性的定义和使用方法与面向过程设计方法中的变量类似。

2. 什么是对象方法

对象方法也叫成员函数，它用来描述对象的行为，用函数方式实现换句话说，方法用来说明对象会做什么。例如，描述人类的方法可以是走路、说话、判断等。

3. 对象属性的定义

对象属性是指定义在构造方法__init__( )内部的属性（变量），对象属性的名字由两部分构成，前面是"self."，后面是任意合法标识符，其中，self 代表对象本身。例如，【例 6.2】中的第 3 ~ 5 行代码分别定义了 3 个对象属性：self.name、self.age 和 self.occupation。

4. 对象方法的定义

对象方法是对象能调用的函数，用来描述对象能完成的操作或功能，定义形式如下：

```
def 方法名(self [,参数1,参数2,…]):
    代码块
```

对象方法的定义与面向过程方法中的函数定义类似，只不过对象方法的第 1 个形参必须是 self，代表对象本身。

在【例 6.2】中，代码第 6 行和第 7 行是对象方法 say(self)的定义，第 8 ~ 12 行是对象方法 judge_occupation(self,work)的定义，第 13 ~ 17 行是对象方法 judge_age(self, age)的定义。

5. 对象方法的调用（在类外部）

对象方法可以看成是"失去了自由"的函数，它隶属于对象，只能通过对象调用，可以访问类中的任意属性。在类的外部，对象方法的调用形式如下：

```
对象名.方法名( [参数列表] )
```

在【例 6.2】中，第 20 行 person1.say()和 22 行 person1.judge_age(30)分别用对象 person1 调用对象方法 say( )和 judge_age( )，在第 23 行 person2.judge_occupation("医生")中，用对象 person2 调用对象方法 judge_occupation( )。利用 Person 类创建的所有对象都可以调用该类的对象方法，不同对象处理的数据是不同的。

6.1.3　构造方法与非构造方法

【例6.3】系统登录时，需要验证用户名和密码的合法性，如果户名和密码正确，则输出"登录成功!"，结束程序。否则，输出"用户名或密码错误!"，重新输入，直到输入正确，结束程序。所有用户名和密码信息保存在"账号密码.txt"中，该文件中的每行对应一个人的账号和密码（逗号分隔），假设用户名和密码都是长度在 3～16 之间的字符串。定义登录验证的 Login 类，并通过实例化对象验证类的正确性。

程序代码：

```
1 class Login(object):
2   def __init__ (self):
3       self.userlist=self.set_value()
4   def set_value(self):
5       userls=[]
6       with open('账号密码.txt',"r",encoding='utf-8') as f:
7           for line in f.readlines():
8               info = line[:-1].split(",")
9               userls.append(info)
10      return userls
11  def Check(self,name,password):
12      flag=0
13      if self.isLegalUser(name,password):
14          for line in self.userlist:
15              if line[0]==name and  line[1]==password :
16                  print("登录成功! ")
17                  flag=1
18                  return flag
19          if flag==0:
20              print("用户名或密码错误!")
21      else:
22          print("账号或密码长度非法! ")
23      return flag
24  def isLegalUser(self,name,password):
25      if len(name)>=3 and len(name)<16:
26          if len(password)>=3 and len(password)<=16:
27              return True
28      return False
29 if __name__ =="__main__":
30   login=Login( )
31   while(True):
32       str_name=input("请输入用户名:")
33       str_psd=input("请输入密码:")
34       if login.Check(str_name,str_psd):
35           break
```

运行情况 1：

```
请输入用户名:admin
请输入密码:2010
欢迎登录!
```

运行情况 2：

```
请输入用户名:new
请输入密码:123456
用户名或密码错误!
请输入用户名:new
请输入密码:2010
用户名或密码错误!
请输入用户名:new
请输入密码:123
欢迎登录!
```

知识要点

1. 构造方法

在类中有两个特殊的方法：一个是构造方法__init__( )，一个是析构方法__del__( )。每个类都有默认的构造方法和析构方法，创建对象时，系统会自动调用构造方法创建对象，当对象不再使用时，系统也会自动调用析构方法清理对象。由于实际使用中，经常不使用默认的构造方法，我们就只介绍如何重写构造方法。

在【例 6.1】中，Person 类中没有显式定义__init__()方法，因此，第 5 行 teacher=Person( )和第 6 行 doctor=Person( )创建对象时，用系统默认的构造方法创建对象 teacher 和 doctor。

如果类中显式定义了（重写）__init__( )方法，则会使用显式定义的__init__()方法创建对象。例如，在【例 6.2】的第 2 ~ 5 行显式定义了__init__(self,name,age,occupation)，所以，18 行 person1=Person("张三",30,"教师")和 19 行 person2=Person("赵六",50,"医生")都会使用【例 6.2】中第 2 ~ 5 行显式定义的构造方法创建对象 person1 和 person2。同样，在【例 6.3】中的第 2 ~ 5 行也显式定义了__init__(self)，第 30 行 login=Login( )也是用 Login 类中显式定义的构造方法创建对象 login。

2. 构造方法的定义

构造方法定义的基本形式如下：

```
def __init__(self [,参数1,参数2…])
    代码块
```

构造方法的名字必须是：__init__，注意，init 左右各有两个下画线。第 1 个参数代表对象本身，一般取名为 self，调用构造方法创建对象时，不需要给 self 传值。其他参数是可选的，一般用来给对象属性赋初值。

在【例 6.2】的构造方法中，除了 self 外，还有三个形参：name、age 和 occupation，分别用来给对象属性 self.name、self.age 和 self.occupation 赋初值。调用该构造方法创建对象时，需要给定三个实参，实参的值会分别传给 self.name、self.age 和 self.occupation。【例 6.2】第 18 行 person1=Person("张三",30,"教师")执行完后，person1 对象的 self.name 值为"张三",self.age 的值为 30，self.occupation 的值为"教师"。

在【例 6.3】的构造方法中，除 self 外，没有使用其他参数。其中，对象属性 self.userlist 通过调用对象函数 self.set_value( )获取初始值。

3. 对象方法的调用（在类内部）

构造方法可以调用除自己以外的其他对象方法，其他对象方法之间可以互相调用，但都不可以调用构造方法。在类内部，调用对象方法的形式为：

```
self.方法名（ [参数1, 参数2, …] ）
```

注意，参数位置没有 self。例如，【例6.3】的构造方法中调用了对象方法 set_value()，具体参见第 3 行代码 self.userlist=self.set_value()，将 set_value()返回的列表数据赋给对象属性 self.userlist。另外，在 Check()对象方法中调用了 isLegalUser()方法，具体参见第 13 行代码 if self.isLegalUser(name,password):，通过 isLegalUser 方法判断用户名和密码的长度是否合法。

4. if __name__ =="__main__":的作用

一个 Python 程序文件通常有两种使用方法：第一种是作为脚本直接执行，第二种是通过 import 导入其他 Python 文件中作为模块使用。if __name__ == 'main': 的作用是控制这两种情况执行代码的方式，在 if __name__ == 'main': 后面的代码只有在第一种情况（即文件作为脚本直接执行）才会被执行，在第二种情况下（即文件作为模块导入到其他脚本中）不会执行。

6.1.4　类的属性和方法

【**例 6.4**】创建一个学生选课的类，对象属性是姓名和成绩，类属性是课程名和学分。除构造方法外，有 3 个对象方法，其功能分别是显示课程信息、修改课程学分和修改课程名称。

程序代码：

```
1  class CourseSelect(object):
2      credit=3
3      cname="计算机"
4      def __init__(self,name,score):
5          self.name=name
6          self.score=score
7      def CourseInfo(self):
8          print("课程名: "+CourseSelect.cname)
9          print("学分为: "+str(CourseSelect.credit))
10     def set_credit(self,n):
11          CourseSelect.credit=n
12     @classmethod
13     def set_cname(cls,c):
14          cls.cname=c
15 if __name__ =="__main__":
16     stu1=CourseSelect("张三",90)
17     stu2=CourseSelect("李四",100)
18     stu1.CourseInfo()
19     stu2.CourseInfo()
20     stu2.set_credit(5)
21     stu1.CourseInfo()
22     stu2.CourseInfo()
23     CourseSelect.set_cname("英语")
24     stu1.CourseInfo()
25     stu2.CourseInfo()
```

```
运行情况
课程名：计算机
学分为：3
课程名：计算机
学分为：3
课程名：计算机
学分为：5
课程名：计算机
学分为：5
课程名：英语
学分为：5
课程名：英语
学分为：5
```

知识要点

1. 类属性的定义

对象属性是在构造方法内部定义，类属性是在所有对象方法（包括构造方法）外面定义，类属性的名称与对象属性类似，定义形式如下所示：

```
class 类名（基类名）:
    类属性1=初始值
    类属性2=初始值
    ...
    __init__(self,… )
    对象方法1(self,…)
    对象方法2(self,…)
    ……
```

在【例 6.4】中，通过第 2 行 credit=3 定义了一个类属性 credit，用来保存课程学分，并设置初始值为 3。第 3 行 cname="计算机"的功能是定义类属性 cname，用来保存课程名称，并设初始值为"计算机"。

2. 类属性的访问

类属性对于整个类都是可见的，在类内部或外部都可以访问，访问类属性的方式为：

```
类名.类属性名
```

在【例 6.4】中，第 8 行代码 print("课程名："+CourseSelect.cname)的功能是输出课程名称，通过 CourseSelect.cname（CourseSelect 是类名）访问类属性 cname 的值。第 9 行 print("学分为："+str(CourseSelect.credit))的功能是将课程学分转成字符串并输出。第 11 行通过 CourseSelect.credit=n 修改类属性 credit 的值。

3. 类方法的定义

类中定义的方法主要有三种：对象方法、类方法和静态方法。其中，最常用的是对象方法，静态方法本书不做介绍。类方法是类可以调用的方法，定义类方法的基本形式为：

```
@classmethod
def 方法名( cls[, 可选参数列表] )
    代码块
```

其中，@classmethod 是类方法的装饰器，第一个参数代表类，一般取名为 cls，其他位置的内容与对象方法类似。

在【例 6.4】中，第 12~14 行定义了类方法 set_cname(cls,c)，其功能是更新类属性 cname 的值，在类方法中访问类属性的方式为：cls.类属性名，其中 cls 代表类本身，具体参见第 14 行代码 cls.cname=c。

4. 类方法的调用

类方法不需要实例化就可以使用，可以由类直接调用，具体调用形式如下：

```
类名.类方法名（参数列表）
```

调用类方法时，不需要给定义形式中第一个形参 cls 传值。在【例 6.4】第 23 行代码 CourseSelect.set_cname("英语")中，使用类名直接调用类方法 set_cname ()，将类属性 cname 的值改为"英语"。

实例化的对象也可以调用类方法，具体调用形式如下：

```
对象名.类方法名（参数列表）
```

实例化对象调用类方法时，也不需要给 cls 参数传值。注意，对象方法只能由实例化的对象调用。类方法可以用类名直接调用，也可以用实例化对象调用。

巩固与拓展

（1）定义一个学生类，包含 2 个对象属性：姓名和学号；1 个对象方法：Output()输出学生的姓名和学号。创建 2 个学生对象，验证类的正确性。

（2）定义一个圆类，包含 1 个对象属性：半径；2 个对象方法：area()计算圆的面积，circum()计算圆的周长。创建两个不同半径的对象，测试类的正确性。

（3）定义 Comput 类，包含 2 个对象属性：两个整数；4 个对象方法：Add()、Sub()、Mult()和 Div()分别实现加、减、乘、除运算。创建一个对象，验证类的正确性。

（4）设计一个系统管理员类，包含 2 个类属性：Acount 和 password，初始值分别设为"admin"和"2020"。2 个类方法：Change()修改管理员的账号和密码，Prnt( )输出管理员账号和密码。分别使用对象调用和类名直接调用验证类方法的正确性。

练习提示

前 3 道题目中，都要在类中显示定义__init__(self,...)，在构造方法中初始化对象属性，即除 self 参数外，还有与对象属性相匹配的形参。

例如第（1）题中的构造方法定义如下：

```
def __init__(self,name,num):       #name和num是形参
        self.name=name             #selft.name是对象属性,存储学生姓名
        self.number=num            #selft.number是对象属性,存储学生学号
```

第（2）题中的构造方法定义如下：

```
def __init__(self,length):       # length是形参
        self.r= length           #selft.r是对象属性,存储圆的半径
```

第（4）题可以不显式定义构造方法，直接定义类属性和类方法。注意，定义类方法时，一定要在前面加装饰器@classmethod。

6.2　面向对象的三大特征

6.2.1　封装

【例 6.5】定义管理员类。包括 1 个类属性：usev_list，是用来存储多个普通用户的账户和密码列表。5 个对象方法，其功能分别是：检测给定的管理员账户是否合法、检测给定的管理员密码是否合法、添加用户、删除用户和修改密码。有 1 个类方法，其功能是输出所有用户的账户及其密码信息。要求：将管理员的账号和密码设为私有属性，初始值分别是"admin"和"admin2010"。创建一个管理员对象，验证类的正确性。

程序代码：

```
1  class Admin(object):
2    user_list=[]
3    def__init__(self,name,psd):
4      self.__name="admin"
5      self.__password="admin2010"
6      self.IsNameOk(name)
7      self.IsPasswordOk(psd)
8    def IsNameOk(self,name):
9      if name.strip(" ")!=self.__name:
10       raise Exception("用户名错误!")
11   def IsPasswordOk(self,password):
12     if password.strip(" ")!=self.__password:
13       raise Exception("密码错误!")
14   def AddUser(self,user_name,user_password):
15     Admin.user_list.append([user_name,user_password])
16   def DeleteUser(self,user_name):
17     flag=1
18     for line in Admin.user_list:
19       if line[0]==user_name:
20         Admin.user_list.remove(user_name)
21         flag=0
22         break
23     if flag:
24       print("给定用户名不存在!")
25   def ChangePsd(self,user_name,user_password):
26     flag=1
27     for line in Admin.user_list:
28       if line[0]==user_name:
29         Admin.user_list.remove(line)
30         flag=0
31         break
32     if flag:
33       print("给定用户名不存在!")
```

```
34          else:
35              Admin.user_list.append([user_name,user_password])
36      @classmethod
37      def PrntUserlist(cls):
38          print("用户名\t密码")
39          for item in cls.user_list:
40              print(item[0],item[1],sep='\t')
41  if __name__=="__main__":
42      a1=Admin("admin","admin2010")
43      a1.AddUser("new","123")
44      a1.AddUser("test","000000")
45      a1.AddUser("guest","8888")
46      a1.ChangePsd("new","456")
47      a1.PrntUserlist()
```

运行情况：

```
用户名    密码
test    000000
guest   8888
new     456
```

知识要点

1. 什么是封装

在面向对象方法中，以"对象"为核心设计程序，每个对象由两部分构成：属性和方法。封装就是将具有相同属性和方法的对象用抽象的类进行描述。

在【例 6.5】中，将管理员的账号密码以及管理员所能进行的操作都封装在 Admin 类中。再通过创建 Admin 类的对象，就可以使用该对象完成添加账户、删除账户等具体操作。

2. 封装的好处

封装可以使类内部和类外部的代码相对独立。只要提供给用户的接口（方法名和参数）不变，修改类内部的具体实现细节时，不会影响外部调用者的代码。例如，在【例 6.5】中，如果修改类内部 DeleteUser(self,user_name)方法的代码，只要用户接口不变，在类外部调用该方法的代码无须改动。

封装可以隐藏各种功能的实现细节，方便用户调用。例如，【例 6.5】的第 43 ~ 47 行，通过对象 a1 调用 AddUser()方法就可以方便地添加用户，不用关心具体实现细节。

封装提高了代码的可重用性。所有基于同一个类创建的对象，都可以共享类中定义的公有属性或方法。

3. 私有成员和公有成员

在面向对象设计思想中，为了更好地隐藏或保护类中的某些成员（属性或方法），可以将这些成员定义为私有的，以限制它们的使用范围，比如只能在类的内部使用，不可以在类外部使用。在 Python 中，如果成员变量或方法的名字以两个下划线开头，则是私有成员，否则是公有成员。

例如，在【例 6.5】的第 4 行 self.__name="admin"和第 5 行 self.__password="admin2010"中，

定义了两个私有属性。如果在类外部，使用实例化的对象进行如下访问：

```
print(a1.__password)
```

运行结果如下：

```
AttributeError: 'Admin' object has no attribute '__password'
```

无法使用原有的名字访问私有属性的原因是：Python 对私有属性的名字进行了修改（改编），修改方式是将"__属性名"修改为"_类名__属性名"。【例 6.5】中的私有属性__name 和__password 被修改成了_Admin__name 和_Admin__name。在类的外部，可用下面的方法访问私有属性：

```
print("管理员密码:",a1._Admin__password)
```

运行结果如下：

```
管理员密码: admin2010
```

可以看出，Python 并没有严格限制对私有成员的访问，只是通过名字改编的方式从一定程度上限制了对私有成员的访问。

6.2.2　继承

【例 6.6】定义 Person 类，包括 2 个对象属性：姓名和年龄，1 个对象方法，功能是输出姓名和年龄。定义 Student 类，继承 Person 类所有属性和方法，另有 1 个对象属性：学号，1 个对象方法，功能是输出选修课的课程名及其成绩。

程序代码：

```
1 import random
2 class Person(object):
3   def __init__ (self,name,age):
4       self.name=name
5       self.age=age
6   def say1(self):
7       print("我叫{},今年{}岁".format(self.name,self.age) )
8 class Student(Person):
9   def __init__ (self,name,age,snum,course):
10      Person. __init__ (self,name,age)
11      self.number=snum
12      self.course=course
13   def say2(self):
14      print(self.course+"课的分数为: "+str(random.randint(80,100)))
15 stu1=Student("张三",18)
16 stu2=Student("李四",20,"201001","数学")
17 stu2.say1()
18 stu2.say2()
```

运行情况：

```
我叫李四,今年20岁
数学课的分数为: 86
```

知识要点

1. 什么是继承

继承就是子类不需要编写与父类相同的代码，就可以获取父类的属性和方法。继承方式如下所示：

```
class 子类名（父类名）：
```

其中，父类是已经存在的类，放在圆括号中，子类是正在定义的新类。通过【例 6.6】第 2 行 class Person(object):和第 8 行 class Student(Person):，可以知道 Person 继承 object 类，Student 类继承 Person 类。

Python 世界中，object 类处于父子关系的顶端，它是所有数据类型的父类。在 Python 3.x 中，object 是默认的父类，即定义新类时，如果不写要继承的父类，默认继承 object 类，即 class 新类名:等价于 class 新类名(object):。

2. 继承的好处

继承的最大好处是代码重用，提高编程效率。子类不需要编写与父类相同的代码，就可以使用父类的属性和方法。在【例 6.6】中，通过第 17 行代码 stu2.say1( )可以看出，子类 Student 的对象 stu2 可以调用父类中的方法 say1()，输出子类对象的姓名和年龄。

3. 子类重写构造方法

Python 中各个类的构造方法名都是__init__。如果子类中没有显式定义构造方法，系统会调用父类的构造方法来初始化子类对象。如果子类中显式定义了构造方法，就无法继承父类的构造方法，可以在子类构造方法中显式调用父类的构造方法，调用的形式为：

```
父类名.__init__（ self [,参数1,参数2,…] )
```

在【例 6.6】中，父类 Person 和子类 Student 都有自己的构造方法，由于父类和子类有共同的属性，子类需要继承父类的构造方法，必须在子类构造方法中显式调用父类的构造方法。第 10 行代码 Person.__init__ (self,name,age)就是在子类 Student 的构造方法中调用 Person 父类的构造方法。

6.2.3　多态

【例 6.7】创建 Person 类，包含 1 个对象属性：姓名，1 个对象方法 say( )，功能是输出姓名。创建继承 Person 类的子类 Student，包含 2 个对象属性：年龄和身高，1 个对象方法 say()，功能是输出姓名、年龄和身高。在两个类的外面，定义函数 Introduce()，形参是没有类型的对象，在函数体中，由形参调用 say( )方法。

程序代码：

```
1 class Person(object):
2     def __init__(self,name):
3         self.name=name
4     def say(self):
5         print("我叫"+self.name)
6 class Student(Person):
7     def __init__ (self,name,age,height):
8         Person.__init__(self,name)
```

```
9         self.age=str(age)
10        self.height=str(height)
11    def say(self):
12        print(" 我 叫 "+self.name+", 年 龄 是 "+self.age+", 身 高 是 "
+self.height+"cm")
13 def Introduce(obj):
14    obj.say()
15 p1=Person("张三")
16 p2=Student("李四",19,175)
17 Introduce(p1)
18 Introduce(p2)
```

执行情况：

我叫张三
我叫李四，年龄是19，身高是175cm

📛(知识要点)

1. 什么是多态

同一种操作，作用于不同的对象，可以产生不同的效果，这是多态的通俗解释。假设父类和子类中有相同名称的方法 A，子类的 A 方法会覆盖父类的 A 方法。如果用父类对象调用 A 方法，则执行父类中的 A 方法，如果用子类对象调用 A 方法时，则执行子类的 A 方法。

在【例 6.7】中，父类 Person 和子类 Student 中都有一个名字为 say()的方法，但功能是不同的。第 17 行代码 Introduce(p1)，用父类对象 p1 作为实参时，输出结果是"我叫张三"，说明执行的是父类中的 say( )方法。第 18 行代码 Introduce(p1)，用子类对象 p2 作为实参时，输出结果是"我叫李四，年龄是 19，身高是 175cm"，说明执行的是子类中的 say( )方法。

2. 多态的好处

同一个名称的方法可以具有多种实现方式。例如，在【例 6.7】中的父类 Person 和子类 Student 都有 say( )方法，但功能不同。Introduce()函数不属于任何类，它的形参并没有指定类型，当传入实参对象时，会自动调用该对象所属类中的 say( )方法，这就是多态性的好处，即不需要显式指定对象的类型，只要对象支持相应的操作。

🪴(巩固与拓展)

（1）设计一个三维向量类，包含 3 个对象属性：x、y 和 z，5 个对象方法：Add()和 Sub()分别实现 2 个三维向量的加和减操作；Mul()方法和 Div()方法分别实现三维向量乘上和除以整数的操作；PrstVector()方法输出向量的值。

（2）定义 Person 类，包含 3 个对象属性：姓名、身高和体重，2 个对象方法：Compute()方法根据身高计算标准体重，OverWeight()方法用来判断是否超重（超过合理体重的 10%算超重）。定义 2 个 Person 的子类：Men 和 Women，有 1 个对象属性：性别。两个子类都有与父类 Person 重名的方法 Comput()，该方法在父类中的计算公式是：标准体重（kg）=身高（cm）－105，在 Women 类中的计算方法是：[身高(cm)−70]×60%，在 Man 类中的计算方法是：[身高(cm)−80]×70%。在类外部，定义函数 test()，其形参是没有类型的对象，函数体中由形参调用 Comput( )方法，使用 Person、Women 和 Man 三种不类型的对象分别调用 Comput()函数，验证类的正确性。

练习提示

第（1）题中，假设三维向量类名为 Vector3，Add()方法用于实现两个向量的加运算，参数位置除了 self，还包括一个向量类型的参数，方法体内先创建一个默认值为 0 的三维向量 v1，运算结束后，返回 v1 的值。具体实现的参考代码如下：

```
def Add(self,v):
    v1=Vector3()  #v1的3个对象属性都是默认值0
    v1.x=self.x+v.x
    v1.y=self.y+v.y
    v1.z=self.z+v.z
    return v1
```

Mul()方法用于实现三维向量和整数的乘运算，参数位置除了 self，还包括一个整型参数，同样也是先创建一个默认值为 0 的三维向量 v1，运算结束后，返回 v1 的值。具体实现的参考代码如下：

```
def Mul(self,n):
    v1=Vector3()
    v1.x=self.x*n
    v1.y=self.y*n
    v1.z=self.z*n
    return v1
```

第（2）题主要考查对继承和多态的掌握情况。子类 Men 和 Women 继承父类的所有属性。

6.3　应用实例

问题描述

设计一个简单的学生选课系统，包括 2 个类：学生类和课程类。其中，学生类包括 4 个对象属性：姓名、学号、课程名列表及成绩字典，3 个对象方法：choice()模拟选课、exam()模拟考试和 OutputScore()显示成绩。课程类包括 1 个类属性 cour_info，用于存放所有的课程名，4 个类方法分别完成：打乱课程顺序、添加课程、删除课程和输出所有的课程名称。

基本思路

学生类中的对象属性在构造函数中初始化，学号和姓名初始化为形参变量的值，课程名初始化为空列表，成绩初始化为空字典。在模拟选课方法中设置课程名列表的值。在模拟考试方法中设置成绩字典的值，key 为课程名，value 为[30,100]的随机整数。

课程类中的类属性设为包含若干门具体课程名的列表，打乱课程顺序可以用 random 库中 shuffle()方法将列表中的数据顺序打乱。

先用课程类名调用打乱课程顺序和输出课程名称的类方法。再创建一个学生对象 s1，输入学生要选课的门数 n，注意，n 的值不能超过课程类中 cour_info 的长度。然后在课程类的 cour_info

列表中随机选取 n 门课程，利用学生对象的 choice()方法给学生类中的课程名列表赋值。再利用学生对象的 exam()方法设置各门选课的成绩。最后调用学生对象的 OutputScore()方法输出成绩信息。

 程序代码

```python
class Student(object):
    def __init__(self,name,num):

        self.name=name
        self.number=num
        self.course=[ ]
        self.score={ }
    def choice(self,course):
        for item in course:
            self.course.append(item)
    def exam(self):
        for item in self.course:
            self.score[item]=random.randint(30,100)
    def OutputScore(self):
        print("课程名\t成绩")
        for key,value in self.score.items():
            print(key,"\t",value)
class Course(object):
    cour_info=["英语","数学","计算机","政治","哲学","品德"]
    @classmethod
    def ShuffleCourse(cls):
        random.shuffle(cls.cour_info)
    @classmethod
    def AddCourse(cls,new_course):
        cls.cour_info.append(new_course)
    @classmethod
    def DelCourse(cls,old_course):
        cls.cour_info.pop(old_course)
    @classmethod
    def OutputCourse(cls):
        print("课程名: ",end=' ')
        for item in cls.cour_info:
            print(item,end=' ')
        print("\n")
import random
Course.ShuffleCourse()
Course.OutputCourse()
s1=Student("王英","2020100")
n=int(input("请输入选课的门数:"))
if n<=len(Course.cour_info):
    s1.choice(random.sample(Course.cour_info,n))
    s1.exam()
    s1.OutputScore()
else:
    print("选课门数超过已有课程!")
```

第7章
图形用户界面设计

图形用户界面（Graphical User Interface，GUI）又称图形用户接口，是指采用图形方式显示的计算机操作用户界面。图形用户界面是一种人与计算机通信的界面显示格式，人们不需要记忆和输入烦琐的命令，只需要使用鼠标等输入设备就可以操纵屏幕上的图标或菜单选项。与通过键盘输入文本或字符命令来完成例行任务的字符界面相比，图形用户界面大大降低了人们使用计算机的门槛。

从诞生伊始，就有许多优秀的 GUI 工具集整合到 Python 当中，这些优秀的 GUI 工具集使得 Python 也可以在图形界面设计领域大展身手。

学习目标

通过本章的学习，应该掌握以下内容：
（1）了解常用 GUI 模块。
（2）掌握 tkinter 模块常用组件。
（3）学习使用 tkinter 模块实现图形用户界面编程。

7.1 Python GUI模块介绍

使用 Python 语言开发程序时，如果碰到图形用户界面（GUI）应用开发任务，这时候就需要一些界面库来帮助我们快速搭建界面。Python 语言是一个开源的编程语言，除了自带的 GUI 模块 tkinter，还有第三方软件，如 wxPython、Jython、IronPython 等，都可以用来绘制图形用户界面。

1. tkinter

tkinter 是 Python 配置的的标准 GUI 库，适用于简单的图形界面开发，且适用于多种操作系统。由于 tkinter 是内置到 Python 的安装包中，因此只要安装好 Python 之后就能使用。使用 tkinter 可以快速创建 GUI 应用程序，Python 的 IDLE 也是用 tkinter 编写而成的。

2. wxPython

wxPython 是 Python 语言中的一套优秀的 GUI 图形库。wxPython 也是一款开源软件，并且具有非常优秀的跨平台能力。其功能较 tkinter 更为强大，允许 Python 程序员很方便地创建完整的、功能健全的 GUI 用户界面，适合大型程序的开发。

3. Jython

Jython 是两种广泛流行的语言——Java 和 Python 的组合，不仅提供了 Python 的库，同时也提供了所有的 Java 类。对于熟悉 Java 的程序员来说，Jython 语言结合了 Python 的灵活高效与 Java 的强大，是一个不错的选择。

4. IronPython

IronPython 就是.NET 下实现的 Python，它支持标准的 Python 模块。安装 IronPython 后并不需要安装 Python，当然两者也可以共存。

除了上述四种常用的 GUI 模块，实际上还有不少支持 GUI 的模块。这些模块各有各的特点、长处，也有其缺点。在编程时，可以按照需求选择一种模块进行图形用户界面的设计。

7.2　tkinter模块介绍

Python 的 tkinter 模块提供了许多组件用于实现 GUI 编程。tkinter 提供了按钮、标签和文本框等多个核心组件，通过使用 help(tkinter)命令即可以查看。下面介绍 tkinter 组件及其使用方法。

7.2.1　标签和按钮组件

【例 7.1】在窗体中添加按钮和标签，单击按钮时从"学生成绩.csv"文件中读取学生考试成绩，并且显示在标签上。

程序代码：

```
1    from tkinter import*
2    root = Tk()
3    root.title('学生成绩')
4    root.geometry('300x450+100+100')
5    def show():
6        with open("考试分数.csv", "r") as f:
7            lb.configure(text=f.read())
8    lb=Label(root,text='',width=20,height=15,fg='purple',font=("黑体",15))
9    lb.pack()
10   btn=Button(root,text='显示',command=show)
11   btn.pack()
12   root.mainloop()
```

运行情况（见图 7-1）：

知识要点

1. tkinter 模块导入

使用 tkinter 模块绘制 GUI 界面，需要先导入 tkinter 模块。tkinter 是 Python 自带的模块，所以并不需要安装就可以直接使用。使用之前，需要通过 import tkinter 或者 from tkinter import *导入模块，如【例 7.1】程序第 1 行所示。在这两种导入方式下，分别使用 tkinter.组件名或者组件名调用 tkinter 模块中的组件。

图7-1 使用标签和按钮组件显示文件内容

2. 主窗体

程序第 2~4 行实现绘制主窗体的功能。根窗体是 tkinter 的底层控件的实例，导入 tkinter 模块后，调用 Tk()方法可初始化一个根窗体实例 root，用于放置组件：root=Tk()。绘制主窗体后，可以对其属性进行设置。

1）设置窗体标题

用 title() 方法可设置窗体的标题文字，如【例 7.1】中的 root.title('学生成绩')语句。

2）定义主窗体大小和位置

用 geometry()方法可以设置窗体的大小（以像素为单位）和窗体的位置，调用格式为：窗体.geometry("widthxheight+X+Y")，"width" 和 "height" 分别指定窗体的宽和高，X/Y 表示以屏幕左上角为顶点的窗体的坐标，例如 root.geometry('300x450+100+100')。这里需要说明的是，命令行中使用英文字符'x'表示乘以。

3. 标签组件

1）创建标签组建

标签组件是最简单的组件，其调用格式为 label=Label(parent,option,…)。参数 parent 指定显示标签的窗体或父组件，例如本例中父组件为 root 窗口组件。option 参数中可以设置标签中显示的文本、颜色以及位置等属性。最常用的属性为 text 文本属性，用于指定在标签上显示的文本内容。【例 7.1】中，使用 lb=Label(root,text='',width=20,height=15,fg='purple',font=("黑体",15))语句，在窗体上创建了内容为空，前景色为紫色的标签。标签上的文字字体为黑体，字号 15。标签行数为 15，每行最多显示 20 个字符。关于标签组件的其他可选属性，详见附录 E。

2）显示标签组件

组件的布局通常有 pack()、grid() 和 place() 三个函数，【例 7.1】中使用 pack()函数。其调用格式为：组件名.pack()。Pack()函数非常简单，我们不用做过多的设置，默认方式会给我们的组件一个自认为合适的位置和大小，先使用的放到上面，然后依次向下排列。

3）修改标签组件

在建立标签组件后，可以使用 configure 或 config 方法来修改文本、宽度与高度等。例如使用 lb.configure(text='新文本')语句，可以修改 lb 标签的默认内容。

4. 按钮组件

按钮（Button）组件用于实现各种按钮。按钮可以包含文本或图像，当按钮被按下时，可以调用函数或方法。

导入 tkinter 模块后使用 btn= Button(parent,option,…)语句创建按钮组件。与其他组件一样，创建时也需要指定显示该组件的窗口或者父组件 parent。option 参数可以用于设置属性，例如使用 text 属性指定按钮上显示的文本，使用 command 指定按下按钮时需要调用的函数或者方法。【例 7.1】中使用 btn=Button(root,text='显示',command=show)语句在根窗口 root 中创建一个按钮组件实例，按下按钮时调用自定义函数 show()。关于按钮组件的其他可选属性，详见附录 E 中表 E-3。

5. GUI 中的事件处理机制

所有的 GUI 程序都是事件驱动的。什么是事件？事件主要由用户触发，也可能有其他触发方式。比如：鼠标的移动、键盘的按键等都叫做事件。鼠标本身又分为移动事件、单击事件、【F1】按下等具体事件。事件处理机制包括三要素：

（1）事件源：能够产生事件的组件。

（2）事件：用户对组件的一个操作。

（3）事件监听器：接收事件、解释事件并处理处理事件。

当事件发生后，将某事件的对象传递给事件监听器，事件监听器会处理此事件。mainloop 的作用就进入到事件（消息）循环。一旦检测到事件，就刷新组件。

7.2.2　输入框组件

【例 7.2】在窗体中按照标签提示输入两个数字，求这两个数字的和并且显示出来，单击"清空"按钮恢复初始状态。

程序代码：

```
1    from tkinter import *
2    root=Tk()
3    root.title('计算两个数的和')
4    root.geometry('400x180')
5    def summation():
6        a=float(num1.get())
7        b=float(num2.get())
8        s='%0.2f+%0.2f=%0.2f\n'%(a,b,a+b)
9        lb.configure(text=s)
10   def clear():
11       num1.delete(0)
12       num2.delete(0)
```

```
13        lb.configure(text='请输入两个数，计算两个数的和')
14     lb=Label(root,text='请输入两个数，计算两个数的和',font=('华文仿宋',15))
15     lb.grid(row=0,column=1,columnspan=2)
16     lb1=Label(root,text='请输入第一个数字',fg='blue',font=('华文仿宋',12))
17     lb1.grid(row=1,column=1)
18     num1=Entry(root)
19     num1.grid(row = 1, column = 2)
20     lb2=Label(root,text='请输入第二个数字',fg='blue',font=('华文仿宋',12))
21     lb2.grid(row=2,column=1)
22     num2=Entry(root)
23     num2.grid(row=2,column=2)
24     btn1=Button(root,text='求和',command=summation)
25     btn1.grid(row = 3, column = 1,sticky = E)
26     btn2=Button(root,text='清空',command=clear)
27     btn2.grid(row = 3, column = 2, sticky = E)
28     root.mainloop()
```

运行情况（见图 7-2）：

图7-2　求两个数字的和

知识要点

1. 输入框

输入框又称为文本框，是单行的文字输入组件。通过输入框，计算机可以获取用户输入的信息。与标签组件不同，用户从键盘输入的信息可以直接在输入框中显示，并且支持随时更改输入。

1）创建输入框组件

导入 tkinter 模块后使用 en=Entry(parent,option,...)语句即可创建输入框组件。一般创建输入框，需要指定显示该组件的窗体或者父组件。例如 num1=Entry(root)，该语句指定在根窗体 root 中显示输入框组件实例 num1，作为输入第一个数字的入口。

2）输入框组件选项

在创建输入框的语句中，option 参数可以用于设置输入框的属性。关于输入框组件可选属性，详见附录 E。

这里，我们主要介绍输入框属性 show。在不调整输入框的属性 show 的情况下，输入的文字会显示在组件中；但如果 show='*'，那么文字会以*显示。如果密码等加密信息通过输入框输入，可以通过制定显示方法来隐藏内容，该功能在后续的例子中会用到。

3）输入框常用函数与方法

delete()方法：该方法调用格式为 en.delete (first, last=None)，可以删除输入框 en 中从 first 位置到 last 位置（不包括）的值。本例中，通过 num1.delete(0)实现计算完两个数字的和之后，清空输入框中的值。

get()方法：该方法调用格式为 en. get ()，可以获取输入框 en 中的值。

2．组件布局 grid()函数

【例 7.2 】中，使用了 grid()布局函数。grid 管理器是 tkinter 里面最灵活的几何管理布局器，也是一个非常方便的工具。使用 grid 布局的时候，在函数里最重要的两个参数是 row（行）和 column（列），默认值均为 0。grid 布局直接用后面的行和列的数字来指定了它位于哪个位置，以 num2.grid(row=2,column=2)为例，在网格布局的第二行第二列的位置显示输入框。此外，grid()布局的常用参数还有：

- sticky：可选值包括 NW、N、NE、W、E、SW、S、SE，用于指定控件在布局网格中的位置。
- rowspan/columnspan：某个控件占的行数/列数，默认一行/列。
- ipadx/ ipady：内边距。
- padx/pady：外边距。

需要注意的是，在程序中不能同时使用两种以上布局方式，否则报错。

7.2.3 组件Spinbox、OptionMenu、Text和Combobox

【例 7.3 】通过选择年份、省份、民族等信息，从文件中查询招生人数，并显示相关信息。
程序代码：

```
1    from tkinter import ttk
2    from tkinter import *
3    import csv
4    f = open('招生人数.csv', 'r')
5    csvreader = csv.reader(f)
6    final_list = list(csvreader)[1:]
7    root=Tk()
8    root.title('综合查询')
9    root.geometry('600x300')
10   lb1=Label(root,text='选择查询条件',font=('华文仿宋',15))
11   lb1.place(relx=0.1,rely=0.1)
12   def query():
13       year=spin.get()
14       nation=comb.get()
15       major=var.get()
16       selected = [x for x in final_list if x[0]==year and x[1]==major and
x[2]==nation]
17       if selected:
18           text.insert(INSERT,year+'年'+major+'专业招收'+nation+'民族学生人
数为: '+selected[0][3])
19       else:
20           text.insert(INSERT,'没有查询到结果！')
21   def clear():
```

```
22        text.delete(1.0,END)
23    spin=Spinbox(root, values= ("2016", "2017", "2018", "2019", "2020"))
24    spin.place(relx=0.1,rely=0.3,relwidth=0.25)
25    comb=ttk.Combobox(root,value='汉族、蒙古族、回族、藏族、满族、维吾尔族、土家
族、哈萨克族'.split('、'))
26    comb.place(relx=0.1,rely=0.45,relwidth=0.25)
27    comb.current(0)
28    var = StringVar(root)
29    var.set('专业')
30    om = OptionMenu(root, var, *'哲学、经济学、法学、教育学、文学、历史学、理学、
工学、管理学'.split('、'))
31    om.place(relx=0.1,rely=0.6,relwidth=0.25)
32    btn1=Button(root,text='查询',command=query)
33    btn1.place(relx=0.1,rely=0.8,relwidth=0.1,relheight=0.1)
34    btn1=Button(root,text='清空',command=clear)
35    btn1.place(relx=0.25,rely=0.8,relwidth=0.1,relheight=0.1)
36    lb2=Label(root,text='结果',font=('华文仿宋',15))
37    lb2.place(relx=0.65,rely=0.1)
38    text=Text(root,width=30,height=10)
39    text.place(relx=0.5,rely=0.3)
40    root.mainloop()
```

运行情况（见图 7-3）：

图7-3　综合查询

1. Spinbox 组件

Spinbox 组件是输入框组件的变体，用于从一些固定的值中选取一个。Spinbox 组件通常用于在限定数字中选取的情况下代替普通的 Entry 组件。Spinbox 组件与输入框组件用法非常相似，主要区别是使用 Spinbox 组件可以通过范围或者元组指定允许用户输入的内容。如果指定选择范围，那么在 Spinbox(root, from=*, to=*)语句中需要给出数据变化的起始值和终值；如果通过元组指

定允许输入的值，那么在 Spinbox(root, values= *)语句中给定所有可能的取值。例如【例 7.3 】在第 23 行代码中，列出了所有的年份信息。

获取 Spinbox 的选择值，可以使用 get()方法，参考第 13 行代码。

2. OptionMenu 组件

OptionMenu 类是一个辅助类，它用来创建弹出菜单。它非常类似 Windows 上的下拉列表插件，但 OptionMenu 有一个按钮，单击按钮可以查看所有的项。我们先构造一个变量，并给变量一个初始值，如第 28 ~ 39 行代码所示。如果要创建 OptionMenu，我们需要使用 OptionMenu 类并传给构造函数一个变量和一系列选项值，其调用格式为：OptionMenu(root, var, values)。单击 OptionMenu 按钮，就会弹出一个选择列表，里面是传给 OptionMenu 的选项列表，选择其中任意一个后，按钮上的字符也会随之改变。

为了获得 OptionMenu 组件选取的选项值，可以使用变量的 get()方法。与其他几种组件不同的是，这里不能直接使用 OptionMenu.get()这样的方法。具体参考第 15 行代码。

3. Text 组件

Text（文本）组件用于显示和处理多行文本。在 Tkinter 的所有组件中，Text 组件显得异常强大和灵活，它适用于处理多种任务，虽然该组件的主要目的是显示多行文本，但也可以作为简单的文本编辑器和网页浏览器使用。

当创建一个 Text 组件的时候，需要指定该组件的父组件、组件宽度（显示几行数据）和高度（每行显示几个字符）等，例如 text=Text(root,width=30,height=10)语句创建了一个 Text 实例，它里面是没有内容的。为了给其插入内容，可以利用 insert()方法以及 INSERT 或 END 索引号。例如，text.insert(index, string)表示在 index 位置插入 string 字符串，如果 index 等于 INSERT 或 END，则表示在光标处或者最后插入文本。

此外，Text 组件还可以使用 delete()方法清空组件显示内容，如第 22 行所示。这里，需要指定要删除的文本的起始位置和终止位置。

4. Combobox 组件

组合框，又称为下拉列表，其功能是可视化呈现数据，并允许用户选择所列条目。实际上，在一些实例中，使用组合框是非常适合的。比如，使用组合框列出省份，用户可以直接选择生源。

1）创建组合框组件

该控件并不包含在 tkinter 模块中，而是包含在 tkinter 的子模块 ttk 中。如果使用该控件，应先用 from tkinter import ttk 语句引用 ttk 子模块，然后创建组合框实例。创建组合框的语句是：Combobox(parent,option,…)。这里，需要指定显示该组件的窗口或者父组件 parent，参考第 25 行代码。

2）组合框常用属性

我们主要介绍组合框 value 属性。通过 value 属性，我们可以给下拉菜单设定值。例如，本例通过 comb=ttk.Combobox(root,value='汉族、蒙古族、回族、藏族、满族、维吾尔族、土家族、哈萨克族'.split('、'))语句，创建了一个包含民族信息的下拉列表。

3）获取组合框的值

使用 get()方法，可以获取选取列表项的值，参考第 14 行代码。

5. 组件布局 place()函数

place()布局允许程序员指定组件的大小和位置，可以使用绝对的位置或相对位置来摆放控件。place()布局中可以直接使用"x"和"y"属性指定控件在窗口中的绝对 x/y 坐标；使用 relx/rely 属性设置控件与主窗口的相对位置；使用 relwidth/relheight 属性调整组件的相对大小。例如，【例 7.3】中使用 btn1.place(relx=0.25,rely=0.8,relwidth=0.1,relheight=0.1)语句在页面显示按钮组件。

7.2.4 菜单

【例 7.4】创建一个菜单栏，内有一个主菜单选项"文件"。"文件"菜单下有三个选项"导入数据"、"保存数据"和"退出"。单击"导入数据"，从文件中获取数据并显示。支持对数据进行修改，单击"保存数据"，将修改后的数据存入文件。单击"退出"退出整个菜单。

程序代码：

```
1    from tkinter import *
2    import csv
3    import tkinter.messagebox
4    def openfile():
5        csvreader = csv.reader(open('招生人数.csv', 'r'))
6        final_list = list(csvreader)
7        text.delete(1.0,END)
8        for i in range(0,len(final_list)):
9            text.insert(INSERT,final_list[i])
10           text.insert(INSERT,'\n')
11   def savefile():
12       text_content = []
13       text_content = (text.get(1.0,END).replace(' ',',')).split("\n")
14       text_content.pop()
15       text_content.pop()
16       new=[]
17       for el in text_content:
18           new.append(el.split(","))
19       with open('招生人数.csv','w',newline='') as t:
20           writer=csv.writer(t)
21           writer.writerows(new)
22           tkinter.messagebox.showinfo('通知','保存成功！')
23   def ask():
24       if tkinter.messagebox.askokcancel('退出','确定退出吗？'):
25           root.destroy()
26   root=Tk()
27   root.title('菜单')
28   root.geometry('600x500')
29   mainmenu=Menu(root)
30   menuFile=Menu(mainmenu)
```

```
31    mainmenu.add_cascade(label='文件',menu=menuFile)
32    menuFile.add_command(label='导入数据',command=openfile)
33    menuFile.add_command(label='保存数据',command=savefile)
34    menuFile.add_separator()
35    menuFile.add_command(label='退出',command=ask)
36    root['menu']=mainmenu
37    s_x = Scrollbar(root)
38    s_x.pack(side = RIGHT, fill = Y)
39    s_y = Scrollbar(root, orient = HORIZONTAL)
40    s_y.pack(side = BOTTOM, fill = X)
41    text = Text(root, width = 200, yscrollcommand = s_x.set, xscrollcommand
= s_y.set, wrap = 'none')
42    text.pack(expand = YES,fill = BOTH)
43    s_x.config(command = text.yview)
44    s_y.config(command = text.xview)
45    root.mainloop()
```

运行情况（见图 7-4）：

图7-4　创建菜单

知识要点

1. 菜单组件

　　菜单组件是图形界面程序设计中非常重要的一个组件。系统中的菜单栏可以大大降低操作难度，提高操作效率。菜单栏中横向排列的菜单称之为主菜单，每个主菜单项的下拉列表中可能包含若干个菜单项，而每个选项又可以拥有自己的下拉列表。

1）创建菜单组件

导入 tkinter 模块后,使用 menu= Menu(parent,option,…)语句即可以创建该组件。这里, 需要指定显示该组件的窗体或者父组件 parent。例如, 在【例 7.4 】中通过 mainmenu=Menu(root)创建了主菜单, 又通过 menuFile=Menu(mainmenu)创建了菜单项。注意在这两个语句中,指定的 parent 是不一样的, 一个是主窗体, 另外一个是主菜单。

2）菜单常用的方法

创建完菜单后, 可以向菜单项中添加菜单项。一般来说, 直接调用菜单方法就可以完成添加菜单项的功能。

add_cascade(option,…)方法可以将下级菜单（项）级联到指定的菜单（项）。常用属性包括: menu, 被级联菜单项; label, 菜单项的名称。例如, 通过 mainmenu.add_cascade(label='文件', menu=menuFile)语句将名为 "文件" 的菜单项 menuFile 级联到主菜单 mainmenu 中。

add_command(option,…)方法可以用来在菜单中添加菜单项。常用属性包括: menu, 指定添加该菜单项的上级菜单; label, 菜单项的名称; underline, 表示是否有下画线; command, 指定选择该菜单项时调用的函数或者方法。例如, menuFile.add_command(label=' 导入数据 ', command=openfile)表示在菜单项 menuFile 中添加一个名为 "导入数据" 的选项, 单击该选项时执行 openfile()函数。

add_separator()方法可以在菜单中添加分隔线。

2. 交互对话

该控件并不包含在 tkinter 模块中, 如果使用该控件, 应先通过 import tkinter.messagebox 语句引用 messagebox 模块。messagebox 模块提供了一个模板基类以及多个常用配置的便捷方法。 执行对话框函数, 可弹出模式消息对话框, 并根据用户的响应返回一个布尔值。一般, 可以使用: 对话框函数(<title=' '>,<message=' '>,option,…)创建对话框。例如,【例 7.4 】中用 tkinter.messagebox.askokcancel('退出','确定退出吗? ')语句, 创建了窗口标题（title）为'退出', 显示信息（message）为'确定退出吗? '的交互对话框。

messagebox 模块包含 showinfo()、showwarning()、showerror()、askquestion()、askokcancel()、askyesno()等不同的交互对话框函数。调用这些函数, 可以创建不同类型的交互对话框。例如, 通过使用 showinfo()、showwarning()、showerror()函数, 可以创建消息框、警告框以及错误提示框。相应的, 显示的图表也会有所不同。

3. 关闭窗体

在单击 "退出" 选项时, 关闭窗体。使用 root.destroy, 就可以完成对根窗体的销毁。

4. 滚动条

1）创建滚动条

使用 Scrollbar(option,…)语句可以创建一个滚动条。这里, 需要指定滚动条的父组件。例如, s_x = Scrollbar(root)就创建了一个滚动条。此外, 在创建滚动条时还可以指定滚动条的方向, 比如,【例 7.4 】中通过 s_y = Scrollbar(root, orient = HORIZONTAL)语句创建了水平方向的滚动条。

2）绑定滚动条

如 41 行代码所示，在创建文本框组件 text 时，使用 yscrollcommand = s_x.set 以及 xscrollcommand = s_y.set 命令将将滚动条关联到文本框，然后通过 s_x.config(command = text.yview) 和 s_y.config(command = text.xview)语句，将文本框关联到滚动条上，滚动条滑动，文本框跟随滑动。

7.2.5　窗体

【例 7.5】使用 Python 的 tkinter 模块，编程实现 BMI 指数计算器。身体质量指数（Body Mass Index，BMI）是国际上常用的衡量人体肥胖程度和是否健康的重要标准。肥胖程度的判断不能采用体重的绝对值，它与身高有关。因此，BMI 通过人体体重和身高两个数值获得相对客观的参数，并用这个参数所处范围衡量身体质量。BMI 指数的计算公式如下：

BMI= 体重(千克) /身高^2(厘米)

通过输入身高和体重，可以计算出身体 BMI 指数，并且可以根据 BMI 指数判断体重是否处于正常范围。

程序代码：

（1）main.py 代码。

```
from tkinter import *
from LoginPage import *
root = Tk()
root.title('计算BMI指数')
LoginPage(root)
root.mainloop()
```

（2）LoginPage.py 代码。

```
1    from tkinter import *
2    from tkinter.messagebox import *
3    from MainPage import *
4    class LoginPage(object):
5        def__init__(self, master=None):
6            self.root = master                          #定义内部变量root
7            self.root.geometry('%dx%d' % (500, 300))    #设置窗口大小
8            self.username = StringVar()
9            self.password = StringVar()
10           self.createPage()
11       def createPage(self):
12           Label(self.root,text='计算BMI指数',bg='#d3fbfb',fg='red',font=('宋体',25),relief=SUNKEN).pack(fill=X)
13           self.page = Frame(self.root)                #创建Frame
14           self.page.pack()
15           Label(self.page,text = '账户: ',font=("宋体",12)).grid(row=2, stick=W, pady=10)
16           Entry(self.page,textvariable=self.username).grid(row=2, column=1, stick=E)
17           Label(self.page,text = '密码: ',font=("宋体",12)).grid(row=4, stick=W, pady=10)
18           Entry(self.page,textvariable=self.password,
```

```
         show='*').grid(row=4, column=1, stick=E)
   19           Button(self.page, text='登录',font=("宋体",10),command=self.
loginCheck).grid(row=6, stick=W, pady=10)
   20           Button(self.page, text='退出',font=("宋体",10),command=self.
root.destroy).grid(row=6, column=1, stick=E)
   21       def loginCheck(self):
   22           name = self.username.get()
   23           password = self.password.get()
   24           if self.isLegalUser(name,password):
   25               self.page.destroy()
   26               MainPage(self.root)
   27           else:
   28               showinfo(title='错误', message='账号或密码错误!')
   29               self.username.set("")
   30               self.password.set("")
   31       def isLegalUser(self,name,password):
   32           with open('账号密码.txt',"r",encoding='utf-8') as f:
   33               for line in f.readlines():
   34                   info = line[:-1].split(",")
   35                   if len(info)<2:
   36                       break
   37                   if info[0].strip()==name and info[1].strip()==password :
   38                       f.close()
   39                       return True
   40           return False
```

（3）MainPage.py 代码。

```
1    from tkinter import *
2    class MainPage(object):
3        def __init__(self, master=None):
4            self.root = master                          #定义内部变量root
5            self.root.geometry('%dx%d' % (500, 300))     #设置窗口大小
6            self.entry_height=StringVar()
7            self.entry_weight=StringVar()
8            self.Bmi1 = StringVar()
9            self.Bmi2 = StringVar()
10           self.createPage()
11       def createPage(self):
12           self.main = Frame(self.root)                #创建Frame
13           self.main.pack()
14           #设置升高标签和输入框
15           Label(self.main,text = '身高(厘米)',font = ('隶书',18)).grid(row=2,
column=1,stick=W, pady=2)
16           Entry(self.main,textvariable = self.entry_height,font = ('隶书',
18)).grid(row=2, column=3,stick=W, pady=2)
17           #设置体重标签和输入框
18           Label(self.main,text = '体重(千克)',font = ('隶书',18)).grid(row=3,
column=1,stick=W, pady=2)
19           Entry(self.main,textvariable = self.entry_weight,font = ('隶书',
18)).grid(row=3, column=3,stick=W, pady=2)
20           Button(self.main, text = '计算BMI指数',font = ('隶书',14),command =
```

```
self.bmi).grid(row=4, column=1, rowspan=2,columnspan=2)
    21          Button(self.main,  text = '清空',font = ('隶书',14),command =
self.clear).grid(row=4, column=3, rowspan=2,columnspan=2)
    22          #添加显示结果的输入框
    23          Entry(self.main,textvariable = self.Bmi1,font=('隶书',18)).grid
(row=7,column=1,rowspan=2,columnspan=3)
    24          Entry(self.main,textvariable = self.Bmi2,font=('隶书',18)).grid
(row=10,column=1,rowspan=2,columnspan=3)
    25          #添加计算按钮Button
    26      def bmi(self):
    27          bmi_set  =  round(float(self.entry_weight.get())/(float(self.
entry_height.get())*float(self.entry_height.get()))*10000,2)
    28          if bmi_set < 18.5:
    29              state = ('过轻')
    30          elif 18.5 <= bmi_set <= 25:
    31              state = ('正常')
    32          elif 25 <= bmi_set <= 28:
    33              state = ('过重')
    34          elif 28 <= bmi_set <= 32:
    35              state = ('肥胖')
    36          else:
    37              state = ('严重肥胖')
    38          BMI_result = ('您的BMI为: ',bmi_set)
    39          BMI_state=('你的体型属于: ',state)
    40          self.Bmi1.set(BMI_result)
    41          self.Bmi2.set(BMI_state)
    42      def clear(self):
    43          self.entry_height.set("")
    44          self.entry_weight.set("")
    45          self.Bmi1.set("")
    46          self.Bmi2.set("")
```

运行情况（见图 7–5）：

图7–5　身体BMI指数计算器

知识要点

1. 窗体的创建

在 Python 中，窗体也是一个控件，它可以容纳其他控件（比如按钮、标签等）。在 tkinter 中，Frame 类表示窗体，每个 Frame 窗体界面采用类的方式定义各自的控件和方法。

【例 7.5】中的登录窗体类 LoginPage 中包含 4 个方法：__init__ 初始化方法、createPage 创建窗体、loginCheck 登录验证和 isLegalUser 判断用户的合法性。下面总结一下初始化方法和 createPage 方法中的主要步骤。

```
def __init__(self, master=None):
```

第一步：self.root = master   #定义内部变量 root

第二步：对象属性定义及初始化。

第三步：self.createPage()   #调用该方法创建窗体及其包含的控件

初始化方法中有两个参数：第一个 self 代表登录窗体对象本身；第二个是 master。在 tkinter 中，A 控件可能属于 B 控件，这时 B 就是 A 控件的 master。默认一个窗口没有 master，因此 master 的默认值为 None。

```
def createPage(self):
```

第一步：self.page = tk.Frame(self.root)   #创建一个 Frame 对象

第二步：self.page.pack()   #按 pack 布局方式显示窗体

第三步：创建窗体上的其他组件（标签、输入框和按钮）。

通过 createPage()方法可以看出，窗体的创建主要包括三个步骤：

（1）创建一个 Frame 对象。

（2）指定窗体控件的布局方式。

（3）添加窗体中需要各种控件。

2. 窗体切换

主程序相当于一个画板，不同的 Frame 窗口相当于不同画布。那么在实现跳转界面的效果时，只需要调用 tkinter.destroy()方法销毁旧界面，然后生成新界面的对象，即可实现窗体的切换。

在【例 7.5】中包含两个 Frame：登录窗体（LoginPage）和计算主窗体（MainPage），在登录窗体中输入完用户名和密码，单击"登录"按钮，在 LoginPage.py 代码中的第 19 行显示，该按钮对应的命令是调用 loginCheck()方法。如代码第 25 ~ 27 行所示，当用户名和密码正确时，执行下面两条语句：

```
self.page.destroy()    #销毁登录窗体
MainPage(self.root)    #创建计算BMI指数的主窗体
```

3. 用户名密码验证

在登录窗体中，单击"登录"按钮，会调用 loginCheck()方法，在该方法中又会调用 isLegalUser()方法来检测用户名和密码的合法性。

LoginPage.py 的第 31~40 行代码的功能是读入账号密码文件，然后逐行比对文件中的账号密码和输入的账号密码，判断是否为合法的用户登录。如果合法，则销毁输入账号密码的窗体，进入计算 BMI 指数的窗体。

7.3　应用实例

问题描述

使用面向对象方式编程实现招生人数查询系统（见图 7-6）。使用账户、密码登录系统，如果输入账户、密码合法，则登录系统并弹出新窗体，否则弹出错误对话框。在新窗体上有主菜单项：文件、处理和退出。在打开页面中可以打开数据文件并对其进行修改和保存；"处理"下拉列表包括"插入"和"删除"，可以增加或者删除数据；单击"退出"可退出系统。

图7-6　招生人数查询系统界面

基本思路

（1）首先实现登录窗体的绘制，按照【例 7.5】所示，根据账号密码列表判断输入的用户名密码是否合法，如果合法，则进行页面跳转，打开新窗体。

（2）在新页面中绘制菜单。主菜单项包括文件、处理和退出，其中，"文件"菜单下拉列表包括"导入数据"，处理菜单下拉列表包括"插入"和"删除"。打开和保存功能可以参考【例 7.4】。

（3）单击"处理"菜单下拉列表中的"插入"选项，弹出新的页面，页面中包含年份、专业、民族、人数等信息的输入选项，输入信息后单击"确定"按钮则可将数据添加至文件中。

（4）单击"处理"菜单下拉列表中的"删除"选项，可以通过设置年份、专业、民族等信息选择要删除的数据，单击"确定"按钮则可将数据从文件中移除。

程序代码

（1）main.py 代码。

```python
from tkinter import *
from LoginPage import *
root = Tk()
root.title('招生人数查询系统')
LoginPage(root)
root.mainloop()
```

（2）LoginPage.py 代码。

```python
from tkinter import *
from tkinter.messagebox import *
from MainPage import *
import time

class LoginPage(object):
    def __init__(self, master=None):
        self.root = master                          #定义内部变量root
        self.root.geometry('%dx%d' % (500, 300))    #设置窗口大小
        self.username = StringVar()
        self.password = StringVar()
        self.createPage()
    def createPage(self):
        self.page = Frame(self.root)                #创建Frame
        self.page.pack()
        Label(self.page,text='招生人数查询系统',bg='#d3fbfb',fg='red',font=
('宋体',25),relief=SUNKEN).grid(row=1, columnspan=2,stick=E+W)
        Label(self.page, text = ' ').grid(row=2, stick=W, pady=10)
        Label(self.page,text = '账户：',font=("宋体",12)).grid(row=3,stick=E,
pady=10)
        Entry(self.page,textvariable=self.username).grid(row=3, column=1,
stick=W)
        Label(self.page,text = '密码：',font=("宋体",12)).grid(row=4,stick=E,
pady=10)
        Entry(self.page,textvariable=self.password, show='*').grid(row=4,
column=1, stick=W)
        Button(self.page, text=' 登 录 ',font=(" 宋 体 ",10),command=self.
loginCheck) .grid(row=5, columnspan=2,stick=W,padx=50, pady=10)
        Button(self.page, text='退出',font=("宋体",10),command=self.root.
destroy).grid(row=5, columnspan=2, stick=E,padx=50,pady=10)
    def loginCheck(self):
        name = self.username.get()
        password = self.password.get()
        if self.isLegalUser(name,password):
            self.page.destroy()
            MainPage(self.root)
            self.page.pack_forget()
        else:
```

```
            showinfo(title='错误', message='账号或密码错误! ')
            self.username.set("")
            self.password.set("")
    def isLegalUser(self,name,password):
        with open('账号密码.txt',"r",encoding='utf-8') as f:
            for line in f.readlines():
                info = line[:-1].split(",")
                if len(info)<2:
                    break
                if info[0].strip()==name and  info[1].strip()==password :
                    f.close()
                    return True
        return False
```

（3）MainPage.py 代码。

```
from tkinter import *
from view import *  #菜单栏对应的各个子页面

class MainPage(object):
    def __init__(self, master=None):
        self.root = master #定义内部变量root
        self.root.geometry('%dx%d' % (600, 500))              # 设置窗口大小
        self.createPage()
    def createPage(self):
        self.inputPage = InputFrame(self.root)                # 创建输入窗体
        self.addPage = AddFrame(self.root)                    # 创建添加窗体
        self.deletePage = DeleteFrame(self.root)              # 创建删除窗体
        self.addPage.pack()              #默认显示数据录入界面
        mainmenu = Menu(self.root)
        menuFile = Menu(mainmenu)
        mainmenu.add_cascade(label='文件',menu=menuFile)
        menuFile.add_command(label='导入数据',command=self.inputData)
        menuEdit = Menu(mainmenu)
        mainmenu.add_cascade(label='处理',menu=menuEdit)
        menuEdit.add_command(label='插入数据',command=self.addData)
        menuEdit.add_command(label='删除数据',command=self.deleteData)
        menuExit = Menu(mainmenu)
        mainmenu.add_cascade(label='退出',menu=menuExit)
        menuExit.add_command(label='退出',command=self.root.destroy)
        self.root['menu']=mainmenu
    def inputData(self):
        self.inputPage.pack()
        self.addPage.pack_forget()
        self.deletePage.pack_forget()
    def addData(self):
        self.inputPage.pack_forget()
        self.addPage.pack()
        self.deletePage.pack_forget()
    def deleteData(self):
        self.inputPage.pack_forget()
```

```
            self.addPage.pack_forget()
            self.deletePage.pack()
```

（4）view.py 代码。

```
from tkinter import *
from tkinter import ttk
import csv
import tkinter.messagebox
class InputFrame(Frame):                      # 继承Frame类
    def __init__(self, master=None):
        Frame.__init__(self, master)
        self.root = master                    # 定义内部变量root
        self.createPage()
    def createPage(self):
        s_x = Scrollbar(self)
        s_x.pack(side = RIGHT, fill = Y)
        s_y = Scrollbar(self, orient = HORIZONTAL)
        s_y.pack(side = BOTTOM, fill = X)
        text = Text(self, yscrollcommand = s_x.set, xscrollcommand = s_y.set,
wrap = 'none')
        text.pack(fill=BOTH)
        s_x.config(command = text.yview)
        s_y.config(command = text.xview)
        def openfile():
            text.delete(1.0,END)
            csvreader = csv.reader(open('招生人数.csv', 'r'))
            final_list = list(csvreader)
            for i in range(0,len(final_list)):
                text.insert(INSERT,final_list[i])
                text.insert(INSERT,'\n')
        def savefile():
            text_content = []
            text_content = (text.get(1.0,END).replace(' ',',')).split("\n")
            text_content.pop()
            text_content.pop()
            new=[]
            for el in text_content:
                new.append(el.split(","))
            with open('招生人数.csv','w',newline='') as t:
                writer=csv.writer(t)
                writer.writerows(new)
                tkinter.messagebox.showinfo('通知','保存成功! ')
        Button(self,text="显示数据",width=10,command=openfile).pack(side=
'left',padx=10)
        Button(self,text="保存数据",width=10,command=savefile).pack(side=
'right',padx=10)
    class AddFrame(Frame):                     # 继承Frame类
        def __init__(self, master=None):
            Frame.__init__(self, master)
            self.root = master                 # 定义内部变量root
```

```python
        self.itemYear = StringVar()
        self.itemMajor = StringVar()
        self.itemNation = StringVar()
        self.itemNo = StringVar()
        self.createPage()
    def add_num(self):
        info=[]
        if self.S1.get():
            info.append(self.S1.get())
            if self.E1.get():
                info.append(self.E1.get())
                if self.comb.get():
                    info.append(self.comb.get())
                    if self.E2.get():
                        info.append(self.E2.get())
                    else:
                        info.append('无')
                else:
                    info.append('无')
            else:
                info.append('无')
        else:
            info.append('无')
        with open('招生人数.csv','a',newline='') as t:
            writer=csv.writer(t)
            writer.writerow(info)
            tkinter.messagebox.showinfo('通知','插入成功！')
    def createPage(self):
        Label(self, text = '年份 ').grid(row=1, stick=W, pady=10)
        self.S1=Spinbox(self,from_=2001,to=2020,increment=1)
        self.S1.grid(row=1, column=1, stick=E)
        Label(self, text = '专业 ').grid(row=2, stick=W, pady=10)
        self.E1=Entry(self, textvariable=self.itemMajor)
        self.E1.grid(row=2, column=1, stick=E)
        Label(self, text = '民族 ').grid(row=3, stick=W, pady=10)
        self.comb=ttk.Combobox(self,value='汉族、蒙古族、回族、藏族、满族、维吾尔
族、土家族、哈萨克族'.split('、'))
        self.comb.grid(row=3, column=1, stick=E)
        Label(self, text = '人数 ').grid(row=4, stick=W, pady=10)
        self.E2=Entry(self, textvariable=self.itemYear)
        self.E2.grid(row=4, column=1, stick=E)
        Button(self, text='添加',command=self.add_num).grid(row=6, column=1,
stick=E, pady=10)
class DeleteFrame(Frame):                    # 继承Frame类
    def __init__(self, master=None):
        Frame.__init__(self, master)
        self.root = master                      #定义内部变量root
        self.itemMajor = StringVar()
        self.itemYear = StringVar()
        self.createPage()
```

```
    def del_num(self):
        if self.S1.get()=='':
            ms.showinfo(title="出错",message='输入年份不能为空')
        if self.E1.get()=='':
            ms.showinfo(title="出错",message='输入专业不能为空')
        if self.E1.get()=='':
            ms.showinfo(title="出错",message='输入民族不能为空')
        csvreader = csv.reader(open('招生人数.csv', 'r'))
        final_list = list(csvreader)
        for i in range(0,len(final_list)):
            if final_list[i][0]==self.S1.get() and final_list[i][1]==self.
E1.get() and final_list[i][2]==self.comb.get():
                delnum=i
        del final_list[delnum]
        with open('招生人数.csv','w',newline='') as t:
                writer=csv.writer(t)
                writer.writerows(final_list)
    def createPage(self):
        Label(self, text = '年份 ').grid(row=1, stick=W, pady=10)
        self.S1=Spinbox(self,from_=2001,to=2020,increment=1)
        self.S1.grid(row=1, column=1, stick=E)
        Label(self, text = '专业 ').grid(row=2, stick=W, pady=10)
        self.E1=Entry(self, textvariable=self.itemMajor)
        self.E1.grid(row=2, column=1, stick=E)
        Label(self, text = '民族 ').grid(row=3, stick=W, pady=10)
        self.comb=ttk.Combobox(self,value='汉族、蒙古族、回族、藏族、满族、维吾尔
族、土家族、哈萨克族'.split('、'))
        self.comb.grid(row=3, column=1, stick=E)
        Button(self, text='删除',command=self.del_num).grid(row=6, column=1,
stick=E, pady=10)
```

第8章

数据分析及可视化

在做完数据分析后,有时候需要将分析结果一目了然地展示出来，此时便离不开 Python 可视化工具。数据可视化是数据分析很重要的一部分,它能帮助我们更好的从繁杂的数据中更直观、更有效的获取信息。

学习目标

通过本章的学习，应该掌握以下内容：
（1）了解 Python 的第三方库及其安装方法。
（2）了解 Python 数据可视化。
（3）学习使用 Matplotlib 绘图库实现数据可视化。

8.1 Python库概述

8.1.1 Python标准库

【例 8.1】在图形界面中输入两个数字，调用 random 库，随机产生介于这两个数字之间的随机数。

程序代码：

```
import random as rd
import tkinter as tk
root = tk.Tk()
root.title('随机生成数字')
root.geometry('400x300')
root.resizable(width=True, height=True)
def randnum():
    a=float(num1.get())
    b=float(num2.get())
    lb.configure(text=rd.randint(b, a))
lb=tk.Label(root,text='',height=5,width=10,font=(' 华文仿宋 ',15),relief=
'sunken')
lb.place(relx=0.3,rely=0)
```

```
lb1=tk.Label(root,text='请输入最大值',fg='blue',font=('华文仿宋',12))
lb1.place(relx=0.1,rely=0.5)
num1=tk.Entry(root)
num1.place(relx=0.5,rely=0.5)
lb2=tk.Label(root,text='请输入最小值',fg='blue',font=('华文仿宋',12))
lb2.place(relx=0.1,rely=0.65)
num2=tk.Entry(root)
num2.place(relx=0.5,rely=0.65)
btn1=tk.Button(root,text='产生随机数',command=randnum)
btn1.place(relx=0.4,rely=0.8)
root.mainloop()
```

运行情况（见图8-1）：

图8-1　产生随机数

【**例 8.2**】实现简单的随机产生学生名单的系统。读取 CSV 文件，然后使用 random 库中的 choice()函数，随机选择学生姓名并显示。

程序代码：

```
import random
import tkinter as tk
import csv
root = tk.Tk()
root.title('随机产生学生姓名')
root.geometry('600x500')
root.resizable(width=True, height=True)
def randname():
    text.insert(tk.INSERT,random.choice(final_list)[0])
    text.insert(tk.INSERT,'\n')
csvreader = csv.reader(open('考试分数.csv', 'r'))
file_list = list(csvreader)
final_list=file_list[1:len(file_list)]
sbar = tk.Scrollbar(root)
sbar.pack(side = tk.RIGHT, fill = tk.Y)
text = tk.Text(root,yscrollcommand = sbar.set)
text.pack(expand = tk.YES,fill = tk.X)
sbar.config(command = text.yview)
```

```
btn1=tk.Button(root,text='随机选择学生姓名',command=randname)
btn1.pack()
root.mainloop()
```

运行情况（见图 8-2）：

图8-2　随机选择学生姓名

【**例 8.3**】读取 CSV 文件，然后使用 random 库中的 shuffle() 函数，打乱学生名单，并显示学生的成绩。

程序代码：

```
from random import *
from tkinter import *
import csv
root = Tk()
root.title('打乱学生名单')
root.geometry('600x500')
root.resizable(width=True, height=True)
def shuffname():
    text.delete(1.0,END)
    text.insert(INSERT,final_list[0])
    text.insert(INSERT,'\n')
    shuff_list=final_list[1:len(final_list)]
    shuffle(shuff_list)
    for i in range(0,len(shuff_list)):
        text.insert(INSERT,shuff_list[i])
        text.insert(INSERT,'\n')
csvreader = csv.reader(open('考试分数.csv', 'r'))
final_list = list(csvreader)
sbar = Scrollbar(root)
sbar.pack(side = RIGHT, fill = Y)
text = Text(root,yscrollcommand = sbar.set)
text.pack(expand = YES,fill = X)
sbar.config(command = text.yview)
btn1=Button(root,text='打乱学生名单',command=shuffname)
```

```
btn1.pack()
root.mainloop()
```

运行情况（见图 8-3）：

图8-3　随机选择学生姓名

 知识要点

1. 标准库

安装 Python 的时候，有不少模块也随之安装到本地计算机上，我们能够免费使用这些模块。那些在安装 Python 时就默认已经安装好的模块被称为"标准库"，熟悉使用标准库，是 Python 开发必掌握的技能之一。表 8-1 所示为常用的标准库名称及作用。

表 8-1　常用的标准库名称及作用

名　　称	作　　用
datetime	为日期和时间处理同时提供了简单和复杂的方法
zlib	直接支持通用的数据打包和压缩格式：zlib，gzip，bz2，zipfile，以及 tarfile
random	提供了生成随机数的工具
math	为浮点运算提供了对底层 C 函数库的访问
sys	工具脚本经常调用命令行参数。这些命令行参数以链表形式存储于 sys 模块的 argv 变量
glob	提供了一个函数用于从目录通配符搜索中生成文件列表
os	提供了不少与操作系统相关联的函数

【例 8-1】~【例 8-3】中使用的 random 库，其中包含返回随机数的函数。例如，randint(a,b) 函数用于生成一个指定范围内的整数，其中参数 a 是下限，参数 b 是上限；choice(seq)函数用于从序列 seq 中返回随机的元素；shuffle(seq)函数可以用于随机打乱序列 seq 中的元素。

2. 标准库的导入方式

从【例 8-1】~【例 8-3】可以注意到，我们采用了 import random as rd、import random 和 from random import *三种方式导入 random 库。实际上，在实际应用中可以选择任意一种方式导入库。但是，在这三种导入方式下，如何使用标准库中的函数却是大不一样的。

在第一种情况下，我们使用"import 模块名 as 别名"的方式导入库。使用这种语法格式的 import 语句，会导入指定模块中的所有成员（包括变量、函数、类等）。不仅如此，当需要使用模块中的成员时，需用该模块名的别名作为前缀，否则 Python 解释器会报错。

同样的，如果使用"import 模块名"的方式导入库，那么在使用模块成员时就需要用该模块名作为前缀。

在第三种情况下，我们使用"from 模块名 import 成员名"的方式导入库。使用这种语法格式的 import 语句，会导入模块中指定的成员，如果使用"*"则导入全部成员。同时，当程序中使用该成员时，无须附加任何前缀，直接使用成员名即可。

虽然这三种导入方式都可以用于导入 Python 库，但实际上也是有明显的区别的。在第一种和第二种情况下，我们需要使用模块中的成员时，需用该模块名的模块名（或别名）作为前缀。如果一段程序中需要使用多个 Python 库，而库中包含一样的函数名，那么如果采用这两种方式，就可以很明确地标注出到底使用的是哪个库中的函数，避免发生错乱。而在第三种情况下，则会出问题。

8.1.2 Python第三方库

Python 作为广受欢迎的一门编程语言，很重要的一个原因便是它可以使用很多第三方库。第三方库是一些 Python 爱好者和研发机构，为满足某一特定应用领域的需要，使用 Python 语言编写的具有特定功能的类与方法的集合。例如，为了让 Python 能够更方便地进行矩阵运算，NumPy 库应运而生。通过调入 NumPy 库，Python 语言能够像 Matlab 语言一样轻而易举地通过矩阵处理批量数据。也正是拥有这些第三方库，使得 Python 拥有庞大的计算生态，从游戏制作到数据处理，再到数据可视化分析，等等，这些计算生态，为 Python 使用者提供了更加便捷的操作，以及更加灵活的编程方式。

下面，我们从解决问题的角度简单的介绍一下常用的第三方库。

1. 网络爬虫

Python 网络爬虫是一种按照一定的规则，自动地抓取万维网信息的程序或脚本。使用网络爬虫可以抓取到证券交易数据、天气数据、网站用户数据和图片数据等。Python 为支持网络爬虫功能的实现，开发了大量第三方库，主要有以下几种类型：requests、grab、pycurl、urllib3、httplib2、RoboBrowser、MechanicalSoup、mechanize、socket、Unirest for Python、hyper、PySocks、treq 及 aiohttp 等。

2. Web 开发

Python 有很多 Web 开发第三方库，几行代码就能生成一个功能齐全的 Web 服务。常用的 Web 开发第三方库有：最流行的 Web 应用框架 Django，基于 Python 的面向对象的 HTTP 框架 Cherry Py，适合开发轻量级的 Web 应用的框架 Flask 以及 Pyramid 和 Turbo Gear 等。

3. 数据分析

Python 语言用来做数据分析非常强大，但是在性能上或者方便程度上还不够，所以各种第三方数据分析模块和库就应运而生。Python 有很多数据分析第三方库，例如：

- NumPy：基于矩阵的数学计算库。
- pandas：基于表格的统计分析库。
- SciPy：科学计算库，支持高阶抽象和复杂模型。

- statsmodels：统计建模和计量经济学工具包。

4. 机器学习

Python 目前集成了大量的机器学习框架，其中常用机器学习库如下所示。

- Scikit-Learn：基于 NumPy 和 SciPy，提供了大量用于数据挖掘和分析的工具，包括数据预处理、交叉验证、算法与可视化算法等一系列接口。
- Tensorflow：最初由谷歌机器智能科研组织中的谷歌大脑团队（Google Brain Team）的研究人员和工程师开发。该系统设计的初衷是为了便于机器学习研究，能够更快更好地将科研原型转化为生产项目。
- MXNet：基于神经网络的机器学习计算框架。

5. 游戏开发

Python 中也有一些针对游戏开发的第三方库，具体如下：

- PyGame：简单的游戏开发功能库。
- Panda3D：开源、跨平台的 3D 渲染、游戏开发平台。
- cocos2d：开发 2D 游戏和图形界面交互式应用的开发框架。

6. 数据可视化

数据可视化是展示数据、理解数据的有效手段，常用的 Python 数据可视化库如下所示：

- Matplotlib：第一个 Python 可视化库，有许多别的程序库都是建立在其基础上或者直接调用该库。
- Seaborn：利用了 Matplotlib，用简洁的代码来制作好看的图表。与 Matplotlib 最大的区别为默认绘图风格和色彩搭配都具有现代美感。
- ggplot：基于 R 的一个作图库 ggplot2，允许叠加不同的图层来完成一幅图，并不适用于制作非常个性化的图像，为操作的简洁度而牺牲了图像的复杂度。
- Bokeh：与 ggplot 不同之处为它完全基于 Python 而不是从 R 处引用。长处在于能用于制作可交互、可直接用于网络的图表。
- Plotly：可以通过 Python notebook 使用，与 Bokeh 一样致力于交互图表的制作，但提供在别的库中几乎没有的几种图表类型，如等值线图、树形图和三维图表。
- Pygal：与 Bokeh 和 Plotly 一样，提供可直接嵌入网络浏览器的可交互图像。与其他两者的主要区别在于可将图表输出为 SVG 格式，所有的图表都被封装成方法，且默认的风格也很漂亮，用几行代码就可以很容易地制作出漂亮的图表。
- geoplotlib：用于制作地图和地理相关数据的工具箱。可用来制作多种地图，比如等值区域图、热度图、点密度图。必须安装 Pyglet（一个面向对象编程接口）方可使用。

7. 其他常用第三方库

1）分词——jieba 库

jieba 库是一款优秀的 Python 第三方中文分词库，jieba 支持三种分词模式：精确模式、全模式和搜索引擎模式，下面是三种模式的特点。

- 精确模式：试图将语句最精确的切分，不存在冗余数据，适合做文本分析。
- 全模式：将语句中所有可能是词的词语都切分出来，速度很快，但是存在冗余数据。
- 搜索引擎模式：在精确模式的基础上，对长词再次进行切分。

2）词云——wordcloud

wordcloud 库，可以说是 Python 非常优秀的词云展示第三方库。词云以词语为基本单位，更加直观和艺术的展示文本词云图，也叫文字云，是对文本中出现频率较高的"关键词"予以视觉化的展现，词云图过滤掉大量的低频低质的文本信息，使得浏览者只要一眼扫过文本就可领略文本的主旨。

8.1.3 Python第三方库的获取与安装

【例 8.4】设计一个使用分词和词云第三库的例子，可以从文件中读取、再分词、再输出词频统计结果（每个词出现的次数）和词云图。

程序代码：

```
from tkinter import ttk
from tkinter import *
import matplotlib.pyplot as plt
import jieba
from wordcloud import WordCloud
root=Tk()
root.title('词频统计')
root.geometry('600x300')
#1.定义文本统计函数
def wfstatistics():
    wftext=text.get(1.0,END)
    cut_text = jieba.cut(wftext)
    result = " ".join(cut_text)
    wc = WordCloud(
        font_path ='simhei.ttf',
        background_color='white',
        width=500,
        height=350,
        max_font_size=50,
        min_font_size=10,
        mode='RGBA'
    )
    wc.generate(result)
    wc.to_file(r"wordcloud.png")
    plt.figure("jay")
    plt.imshow(wc)
    plt.axis("off")
    plt.show()
def clear():
    text.delete(1.0,END)
# 2.绘制文本输入界面
#使用按钮实现词频统计以及界面清空
```

```
btn1=Button(root,text='词频统计',command=wfstatistics)
btn1.place(relx=0.4,rely=0.8,relwidth=0.1,relheight=0.1)
btn1=Button(root,text='清空',command=clear)
btn1.place(relx=0.6,rely=0.8,relwidth=0.1,relheight=0.1)
#使用text输入需要统计词频的文本
lb2=Label(root,text='结果',font=('华文仿宋',15))
lb2.place(relx=0.5,rely=0.05)
text=Text(root,width=55,height=10)
text.place(relx=0.1,rely=0.15)
root.mainloop()
```

运行情况（见图 8-4）：

图8-4 词频统计

1. 第三方库的获取与安装

Python 语言提供了很多的第三方库，因为在这些第三方库中集成了非常多的实现特定功能的类与方法，因此使用这些第三方库可以大大降低编程的复杂度。但是，如果要使用这些第三方库，需要先获取并安装这些库。

首先，我们以 wordcloud 库为例，介绍如何获取并安装第三方库。

1）pip 命令行直接安装

打开 cmd 命令窗口，通过命令"pip install 包名"进行第三库的安装，如图 8-5 所示。此方法简单快捷，也是最常用的安装第三方库的方式。

安装成功后可以通过命令"pip list"查看已安装的第三库列表，如图 8-6 所示。

图8-5 安装第三方库

图8-6 查看第三方库

2）手动安装 Python 第三方库

下面介绍手动安装的方法。如果使用 pip 安装有问题，可以通过手动安装的方式下载并安装第三方库。

先打开一个 Python 软件的扩展库网址：https://www.lfd.uci.edu/~gohlke/pythonlibs/#scipy。

然后在网页上找到需要安装的第三方扩展库的位置，例如要安装 wordcloud 库，如图 8-7 所示。

Wordcloud: a little word cloud generator.
wordcloud-1.8.0-cp39-cp39-win_amd64.whl
wordcloud-1.8.0-cp39-cp39-win32.whl
wordcloud-1.8.0-cp38-cp38-win_amd64.whl
wordcloud-1.8.0-cp38-cp38-win32.whl
wordcloud-1.8.0-cp37-cp37m-win_amd64.whl
wordcloud-1.8.0-cp37-cp37m-win32.whl
wordcloud-1.8.0-cp36-cp36m-win_amd64.whl
wordcloud-1.8.0-cp36-cp36m-win32.whl
wordcloud-1.6.0-cp35-cp35m-win_amd64.whl
wordcloud-1.6.0-cp35-cp35m-win32.whl
wordcloud-1.6.0-cp27-cp27m-win_amd64.whl
wordcloud-1.6.0-cp27-cp27m-win32.whl
wordcloud-1.5.0-cp34-cp34m-win_amd64.whl
wordcloud-1.5.0-cp34-cp34m-win32.whl

图8-7 wordcloud库

根据计算机的系统信息（如 Windows 的 64 位操作系统）和 Python 软件的版本（Python3.7），下载对应的扩展库，如图 8-8 所示。

图8-8 下载对应的扩展库

最后通过命令再次查看安装第三库的列表信息。

["

程序代码：

```
import numpy as np
#array函数创建数组
array_1 = np.array([1, 2, 3])
array_2 = np.array([[1, 2], [3, 4]])
#zeros和zeros_like创建数组
array_1_0=np.zeros(6)
array_2_0 = np.zeros((2, 3))
array_like_0 = np.zeros_like(array_2)
#ones和ones_like创建数组
array_1_1 = np.ones(6)
array_2_1 = np.ones((2, 3))
array_like_1 = np.ones_like(array_2)
#empty和empty_like创建数组
array_1_e = np.empty(6)
array_2_e = np.empty((2, 3))
array_like_e = np.empty_like(array_2)
#arrange和linspace创建数组
array_ara = np.arange(10)
array_lin = np.linspace(1,100,10)
#输出结果
print("创建一维数组，并指定元素: ",array_1)
print("创建二维数组，并指定元素: ",array_2)
print("创建全零一维数组: ",array_1_0)
print("创建全零二维数组: ",array_2_0)
print("根据已有数组创建全零数组: ",array_like_0)
print("创建全一一维数组: ",array_1_1)
print("创建全一二维数组: ",array_2_1)
print("根据已有数组创建全一数组: ",array_like_1)
print("创建一维空数组: ",array_1_e)
print("创建二维空数组: ",array_2_e)
print("根据已有数组创建空数组: ",array_like_e)
print("创建数组: ",array_ara)
print("创建等差数列: ",array_lin)
```

运行情况：

图8-9　使用NumPy第三方库创建数组

知识要点

1．第三方库的获取与安装

Python 中的 list 列表容器也可以当作数组使用，但列表中保存的是对象的指针，因此一个简单的列表就需要多个对象和多个指针表示。对于数值运算来说，这种结构显然不够高效。此外，Python 虽然也提供了 array 模块，但只支持一维数组，不支持多维数组，也没有各种运算函数，因而不适合数值运算。NumPy 库的出现，弥补了 Python 在数值运算方面的不足。

使用 NumPy 库之前，需要安装该第三方库。安装 NumPy 库的步骤参考【例 8.4】。推荐使用 pip 命令行直接安装。

2．创建数组

NumPy 库中可以用于创建数组的函数有很多，这里我们通过举例介绍几种创建数组的函数。

1）array()函数

使用 NumPy 的 array()函数可以从 Python 列表中创建数组，数组类型由列表中的数据类型确定。array()函数要求传入 Python 列表数据，传入 Python 列表数据的嵌套层次决定了创建数组的维数，因此通过使用 array()函数可以创建任意维度的数组。

2）zeros()和 zeros_like()函数

zeros()函数用于创建数组元素全为零的数组，调用方法：zeros(shape, dtype=float)，其中 shape 为数据尺寸，例如 zeros(5)创建包含 5 个元素的全零数组，zeros((2,3))创建 2 行 3 列的全零数组；dtype 指定数据类型，默认 dtype=float。

zeros_like()函数调用方法：zeros_like(W)，实现构造一个新的数组，该数组维度与数组 W 一致，并为其初始化为全 0。

3）ones()和 ones_like()函数

ones()函数用于创建数组元素全为 1 的全一数组。与 zeros()函数一样，ones()函数的调用方法：ones(shape, dtype=float)，其中 shape 为数据尺寸，dtype 指定数据类型，默认 dtype=float。

ones_like()函数调用方法：ones_like(W)，实现构造一个新的全零，该数组维度与全零 W 一致，并为其初始化为全 1。

4）empty()和 empty_like()函数

empty()函数用于创建空数组。empty()函数的调用方法：empty(shape, dtype=float)，其中 shape 为数据尺寸，dtype 指定数据类型，默认 dtype=float。

empty_like()函数调用方法：empty_like(W)，实现构造一个新的数组，该数组维度与数组 W 一致。

这里需要注意的是，使用 empty()函数创建数组不像 zeros 或者 ones 一样，并不会将数组的元素值设定为规定值，而是要求用户人为地给数组中的每一个元素赋值。之所以直接输出后有值，实际上采用的是保存在内存中的值，直到明确为其分配值为止。

5）linspace()和 arange( )函数

arange()类似于内置函数 range()，通过指定开始值、终值和步长创建表示等差数列的一维数组。需要注意的是结果数组不包含终值。

linspace()通过指定开始值、终值和元素个数创建表示等差数列的一维数组。

8.2.2　NumPy数组变形

【例 8.6】使用 NumPy 提供的函数创建矩阵，并对矩阵进行变形。

程序代码：

```
import numpy as np
a=np.arange(10)
print('原矩阵: ',a)
print('原矩阵维度: ',a.shape)
b=a.reshape(2,5)
print('使用reshape函数调整后得到矩阵: ',b)
print('此时原矩阵: ',a)
c=a.resize(2,5)
print('使用resize函数调整后得到矩阵: ',c)
print('此时原数组: ',a)
d=a.ravel()
print('使用ravel函数将矩阵扁平化后得到: ',d)
print('此时原矩阵: ',a)
e=a.transpose()
print('使用transpose函数将原矩阵转置后得到: ',e)
```

运行情况（见图 8-10）：

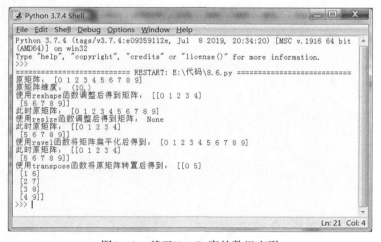

图8-10　基于NumPy库的数组变形

知识要点

1. shape()函数

Shape()函数是 numpy.core.fromnumeric 中的函数，它的功能是查看矩阵或者数组的维数。

2. reshape()和 resize()函数

两个函数都是改变数组的形状，但是 resize()函数是在本身上进行操作，reshape()函数返回的是修改之后的参数。例如，【例 8.6】中使用 reshape()函数对数组的维度进行调整后，发现原数组没有发生任何改变；而使用 resize()函数对数组的维度进行调整，发现原数组的维度发生了改变。

3. ravel()函数

使用 ravel()函数可以将数组进行扁平化，也就是变为一维数组。

4. transpose()函数

使用 transpose()函数，将原数组进行转置。

8.2.3 NumPy数组的运算

【例 8.7】使用 NumPy 提供的函数，创建数组，并对数组进行求取最大值/最小值、求取均值、排序等简单计算。

程序代码：

```python
import numpy as np
n = np.array([[4, 2, 7],
              [3, 5, 1],
              [1, 4, 0]])
print('原数组',end='\n')
print(n)
print('最小值为: ',n.min())
print('最大值为: ',n.max())
print('数组均值为: ',n.mean())
print('数组元素之和为: ',n.sum())
print('数组元素按列求和: ',n.sum(axis=0))
print('数组元素按行求和: ',n.sum(axis=1))
print('-' * 20)
print('数组元素求幂次方: ',end="\n")
print(np.exp(n))
print('数组元素开方: ',end="\n")
print(np.sqrt(n))
print('-' * 20)
n_sort = np.sort(n)
n_x = np.sort(n, axis=1)
n_y = np.sort(n, axis=0)
print('直接排序结果: ',end="\n")
print(n_sort)
print('返回按行排序结果: ',end="\n")
print(n_x)
print('返回按列排序结果: ',end="\n")
print(n_y)
print('-' * 20)
n1 = np.random.random((2, 3)) * 10
n2 = np.floor(n1)
print('生成随机数组: ',end="\n")
print(n1)
print('返回不大于输入参数的最大整数: ',end="\n")
print(n2)
```

运行情况（见图 8-11）：

图8-11　基于NumPy库的数组计算

知识要点

1. min()和 max()函数

Min()和 max()函数用于求解数组中的最小和最大值。对于数组 n 求最大值或者最小值，其调用格式是：numpy.min(n,axis)/numpy.max(n,axis)，或者 n.min(axis)/n.max(axis)。

这两个函数的用法有下列几种形式：

（1）如果 axis 不设置值，那么返回的是整个数组中元素的最小值/最大值。

（2）如果用 numpy.min(n,axis=0)/numpy.max(n,axis=0)或者直接使用 n.min(0)/n.max(0)，那么返回的是每一列的最小值/最大值。

（3）如果用 numpy.min(n,axis=1)/numpy.max(n,axis=1)或者直接使用 n.min(1)/n.max(1)，那么返回的是每一行的最小值/最大值。

2. mean()函数

mean()函数的功能是求取均值。对数组 n 求均值，其调用格式是 numpy.mean(n,axis)或者 n.mean(axis)。与求最大值和最小值的函数一样，我们也可以指定参数 axis：

（1）axis 不设置值，对整个数组求均值，返回一个实数。

（2）如果用 numpy.mean(n,axis=0)或者直接使用 n.mean(0)，对各列求均值。

（3）如果用 numpy.mean(n,axis=1)或者直接使用 n.mean(1)，对各行求均值。

3. exp()和 sqrt()函数

exp()函数用于求解幂次方。对于数组 n 求幂次方，其调用格式是 numpy.exp(n)，也就是对数组中的每个元素 m，求解 e^m。

sqrt()函数用于求解开方。对于数组 n 求开方，其调用格式是：numpy.sqrt(n)，也就是对数组中的每个元素计算其算数平方根。

4. sum()函数

sum()函数的功能是求取数组元素的和，其调用格式是 numpy.sum(n,axis)或者 n.sum(axis)。对于 sum()函数，也可以指定参数 axis 从而获得不同的求和结果：

（1）axis 不设置值，对整个数组元素求和，返回一个实数。

（2）如果用 numpy.sum(n,axis=0)或者直接使用 n.sum(0)，按列求和，也就是返回每列元素的和。

（3）如果用 numpy.sum(n,axis=1)或者直接使用 n.sum(1)，按行求和，也就是返回每行元素的和。

5. sort()函数

sort()函数返回输入数组的排序副本，其调用格式是 numpy.sort(n, axis)。其中，n 是要排序的数组，axis 是沿着它排序数组的轴。

（1）axis 不设置值，数组会被展开，沿着最后的轴排序。

（2）如果用 numpy.sort(n, axis=0)，按列排序。

（3）如果用 numpy.sort(n, axis=1)，按行排序。

6. floor()函数

numpy.floor()函数返回不大于输入参数的最大整数，也就是向下取整。

8.3　数据可视化——Matplotlib

Matplotlib 绘图库是基于 Python 语言的开源项目，十分适合交互式地进行制图，也可以将它作为绘图控件，嵌入 GUI 应用程序中。

8.3.1　绘制折线图

【例 8.8】根据"12 个月降水量统计"数据，绘制出简单折线图，直观显示降水量的变化。在图中增加标题"12 个月降水量统计"，横轴显示月份，纵轴显示该月份的降水量信息。

程序代码：

```
import numpy as np
import matplotlib.pyplot as plt
file_path = "12个月降水量统计.csv"  # 数据存储路径
data = np.loadtxt(file_path,delimiter=",",dtype="str")
data_axis=data[0]
data_pre=data[1:]
pre=[]
mon=[]
```

```
for i in range(len(data_pre)):
    mon.append(data_pre[i][0])
    pre.append(data_pre[i][1])
ave_pre=np.array(pre).astype(float).mean()
plt.title('12个月降水量统计',fontsize=20,fontweight='bold')
plt.rcParams['font.sans-serif'] = ['SimHei']  # 用来正常显示中文标签
plt.xlabel('月份',fontsize=15)
plt.ylabel('降水量',fontsize=15)                    # 也可以直接显示中文
plt.axis([0, 12, 0, 60])
plt.plot(mon,list(map(float, pre)),'r')
plt.axhline(y=ave_pre,linestyle="--",color="gray")
plt.show()
```

运行情况（见图 8-12）：

图8-12 12月降水量统计

📖知识要点

1. 导入 pyplot 包

通过 import matplotlib.pyplot as plt 可以导入 pyplot 数据可视化包。Matplotlib 是 Python 的绘图库，其中的 pyplot 包封装了很多画图的函数。Matplotlib.pyplot 包含一系列类似 Matlab 中绘图函数的相关函数。使用 Matplotlib.pyplot 中的函数可以对当前的图像进行一些修改，例如创建一幅图，在图中创建一个绘图区域，在绘图区域中添加一条线等。

2. 读取数据

对 CSV 数据的获取通常会用到 numpy 模块的 loadtxt()方法，以及在 numpy 基础上的 pandas 模块。这里先介绍 loadtxt() 方法，它的调用格式为：numpy.loadtxt(fname, dtype=, delimiter=None,...)，其中，fname 用于指定 CSV 文件的路径，dtype 指定读取后数据的数据类型，delimiter 指定读取文件中数据的分隔符。

3. 绘制折线图——plot( )

散点图和折线图是数据分析中最常用的两种图形。其中，折线图用于分析自变量和因变量

之间的趋势关系，最适合用于显示随着时间而变化的连续数据，同时还可以看出数量的差异，增长情况。

pyplot 包里面的 plot() 函数可以用来绘制线型图，基本用法是：matplotlib.pyplot.plot(x,y)，也就是根据数据(x,y)，绘制了一条折线。【例 8.8】中，x 就是月份信息，y 就是每个月对应的降水量信息，根据这两个维度的信息绘制出折线，以观察降水量随季节或时间的变化趋势。

和 Matlab 中类似，我们还可以用字符来指定绘图的格式。我们可以通过使用 plt.plot(x,y,[fmt])语句指定绘图格式，可选参数[fmt] 是一个定义图的基本属性的字符串，由颜色（color）、点型（marker）、线型（linestyle）组成，具体形式为 fmt = '[color][marker][line]'。例如，【例 8.8】中使用 plt.plot(x,y,'r')，绘制出红色的折线图，plot(x,y,'bo') 表示用蓝色圆点绘制图形。更多绘图格式的颜色和类型可以参考附录 F。

4. 设置图像标题

使用 plt.title("title") 可以设置图像标题。此外，还可以通过指定 fontsize、fontweight 等参数改变标题的样式。

但是因为 Matplotlib 默认字体并不包含中文，因此，当标题中包含中文字符时就会出现乱码现象。针对于此，在代码中加入一行 plt.rcParams['font.sans-serif'] = ['SimHei'] ，指定默认字体为黑体，就可以解决中文乱码的问题。这里我们可以使用其他的字体。

5. 设置坐标轴的范围

与 Matlab 类似，可以使用 axis() 函数指定坐标轴显示的范围：plt.axis([xmin, xmax, ymin, ymax])。

6. 设置坐标轴的标题

使用 plt.xlabel(" title ")和 plt.ylabel(" title ")可以为图像设置横纵坐标标题。

7. 绘制平均值线

使用 plt.axhline(y=*, color=*, linestyle=*, linewidth=*)绘制水平线，其中 y 表示水平参考线的出发点，color 为参考线的线条颜色，linestyle 为参考线的线条风格，linewidth 为参考线的线条宽度。

同样的，我们可以使用 axvline()函数绘制垂直线。

8. 显示图形——show( )

调用 pyplot.show() 函数显示图形。如果从源程序中去掉该语句，那么绘制出的图形将不能显示。在用 Python 中的 Matplotlib 画图时，show()函数总是要放在最后。

8.3.2　绘制子图

【例 8.9】使用折线图和饼图绘制"12 个月降水量统计"数据，并且使用子图展示。
程序代码：

```
import numpy as np
import matplotlib.pyplot as plt
file_path = "12个月降水量统计.csv"          # 数据存储路径
```

```
data = np.loadtxt(file_path,delimiter=",",dtype="str")
data_axis=data[0]
data_pre=data[1:]
pre=[]
mon=[]
for i in range(len(data_pre)):
    mon.append(data_pre[i][0])
    pre.append(data_pre[i][1])
ave_pre=np.array(pre).astype(float).mean()
plt.rcParams['font.sans-serif'] = ['SimHei']        # 用来正常显示中文标签
plt.figure()
# 绘制折线
plt.subplot(1,2,1)
plt.title('12个月降水量统计',fontsize=20,fontweight='bold')
plt.xlabel('月份',fontsize=15)
plt.ylabel('降水量',fontsize=15)                     #也可以直接显示中文
plt.axis([0, 12, 0, 60])
plt.plot(mon,list(map(float, pre)),'r')
plt.axhline(y=ave_pre,linestyle="--",color="gray")
# 绘制饼图
plt.subplot(1,2,2)
plt.title('12个月降水量',fontsize=20,fontweight='bold')
plt.axis('equal')                                   #使饼图长宽相等
plt.pie(x=list(map(float, pre)),labels=mon,autopct='%1.1f%%')
plt.show()
```

运行情况（见图 8-13）：

图8-13 子图绘制

🕐 知识要点

1. 创建绘图对象——figure()

Matplotlib 中所有图像都是位于面板(figure)对象中，一个图像只能有一个 figure 对象。该函

数调用格式为：matplotlib.pyplot.figure(num=None, figsize=None, dpi=None, facecolor=None, edgecolor=None, frameon=True, FigureClass=<class 'matplotlib.figure.Figure'>, clear=False,**kwargs)，一般可不指定任何参数直接调用。下面介绍主要的几个参数：

（1）num：这个参数可以将其理解为窗口的属性 id，即该窗口的身份标识。num 是一个可选参数，如果不提供该参数，则创建窗口的时候该参数会自增。

（2）figsize：可选参数，指定面板的长宽，若不提供则使用默认值。例如(4,4)，创建长 4 英寸、宽 4 英寸的窗口。

（3）dpi：可选参数，表示该窗口的分辨率，若不提供则使用默认值。

（4）facecolor：可选参数，表示窗口的背景颜色，通过 RGB 设置颜色，范围是'#000000'~'#FFFFFF'，若不提供则使用默认值。

（5）clear：可选参数，默认是 false，如果提供参数为 true，清除窗口内容。

2. 创建子图对象——subplot

figure 对象下可以创建一个或多个子图（subplot）对象用于绘制图像。该函数的调用格式为：matplotlib.pyplot.subplot(numrows, numcols, fignum)，第一个参数表示子图的行个数，第二个参数表示子图的列个数，第三个参数表示子图序号。例如，subplot(2, 2, 1)表示面板中的两行两列四个子图的第一个子图。

在 Matplotlib 中，轴的位置以标准化图形坐标指定，如果轴标签、标题、刻度标签等超出图形区域，将会导致显示不全的问题。使用命令 matplotlib.pyplot.tight_layout()，可以自动调整子图参数，使之填充整个图像区域。

3. 子图坐标轴的设置

子图坐标轴的设置仍然使用 plt.axis([xmin, xmax, ymin, ymax])函数指定坐标轴显示的范围，使用 plt.xlabel(" title ")和 plt.ylabel(" title ")为子图设置横纵坐标标题。

4. 绘制饼图

绘制饼图使用 matplotlib.pyplot.pie(x, labels=None,autopct=None,...)函数，这里 x 表示饼图中每一块的比例，如果 x 中的元素之和大于 1，则会先进行归一化；labels 表示每一块饼图外侧显示的说明文字；autopct 控制饼图内百分比设置，可以使用 format 字符串或者 format function，例如【例 8.9】中使用的'%1.1f'指小数点前后位数。

8.3.3 绘制散点图和柱状图

【例 8.10】使用不同的方式绘制"学生成绩"数据，包括散点图、柱状图等，并且以子图的方式展示。

程序代码：

```
import numpy as np
import matplotlib.pyplot as plt
file_path = "学生成绩.csv"                    # 数据存储路径
data = np.loadtxt(file_path,delimiter=",",dtype="str")
data_pre=data[1:]
```

```
stu=[]
math=[]
eng=[]
for i in range(len(data_pre)):
    stu.append(data_pre[i][0])
    math.append(float(data_pre[i][1]))
    eng.append(float(data_pre[i][2]))
aver=list((np.array(math)+np.array(eng))/2)
plt.rcParams['font.sans-serif'] = ['SimHei']        # 用来正常显示中文标签
plt.figure()
# 绘制散点图
plt.subplot(2,2,1)
plt.title('Scatter plot')
plt.scatter(stu, aver,c = 'r')
# 绘制柱状图
plt.subplot(2,2,2)
plt.title('Bar chart')
plt.bar(stu,aver)
for _x, _y in zip(stu,aver):
    plt.text(_x , _y , '%.1f' % _y,fontsize=7)
# 绘制水平柱状图
plt.subplot(2,2,3)
plt.title('Horizontal bar chart')
plt.barh(stu,aver)
# 绘制叠加柱状图
plt.subplot(2,2,4)
plt.title('Superimposed bar chart')
plt.bar(stu,list(np.array(math)/2))
plt.bar(stu,list(np.array(eng)/2),bottom=list(np.array(math)/2),color='r')
plt.tight_layout()
plt.show()
```

运行情况（见图 8–14）：

	A	B	C	D
1	学号	数学	英语	总成绩
2	1	88	77	82.5
3	2	76	79	77.5
4	3	82	84	83
5	4	79	79	79
6	5	91	70	80.5
7	6	90	82	86
8	7	86	91	88.5
9	8	88	70	79
10	9	79	69	74
11	10	75	96	85.5
12	11	90	73	81.5
13	12	69	80	74.5

图8–14　绘制散点图和柱状图

知识要点

1. 绘制散点图

使用 matplotlib.pyplot.scatter(x, y, s=None, c=None, marker=None, cmap=None, norm=None, vmin=None, vmax=None, alpha=None, linewidths=None,verts=None, edgecolors=None, hold=None, data=None,**kwargs)，根据数据(x,y)绘制散点图。Scatter()函数其他属性可以参考附录 F。

2. 绘制柱状图

柱状图，又称为直方图。使用 matplotlib.pyplot.bar(left, height, width=0.8, bottom=None, hold=None, data=None, **kwargs)绘制柱状图。其中，"left" 和 "height" 分别表示数据的 x 轴和 y 轴的数值。其余参数可以参考附录 F 中的表 F-3。

此外，使用 matplotlib.pyplot.text()函数，可以为柱状图添加标签，也就是可以在图片中直接显示出每个柱子的数值。具体为，在绘制柱状图 plt.bar(x,y)后添加语句：

```
for _x, _y in zip((left, height):
    plt.text(_x, _y + 0.1, '%.2f' % _y)
```

3. 绘制水平柱状图

使用 barh()绘制水平方向的条形图，基本使用方法为：barh(y, width, height=0.8)，其中 y 和 width 分别表示柱状图在 y 轴上的位置以及柱状图具体的的数值。其余属性在使用过程中，可参考 bar()直方图。

4. 绘制叠加柱状图

顾名思义，叠加柱状图是将柱状图堆积起来，可以描述出某个变量的增长。我们仍然使用 matplotlib.pyplot.scatter()函数，绘制叠加柱状图的诀窍在于 bottom 参数的设置。例如，【例 8.10】中 plt.bar(stu,list(np.array(eng)/2),bottom=list(np.array(math)/2),color='r')实现了以数学成绩为底，在成绩柱状图中显示数学和英语成绩所占比例。

8.3.4 显示图片

【例 8.11】使用 Matplotlib 绘图库，显示图片。

程序代码

```
from PIL import Image
import matplotlib.pyplot as plt
img = Image.open('MUC.jpg')
plt.figure("Image")      # 图像窗口名称
plt.imshow(img)
plt.title('image')       # 图像题目
plt.show()
```

运行情况（见图 8-15）：

图8-15　显示图片

知识要点

1. 导入图像库 PIL

Python 图像库 PIL（Python Image Library）是 Python 的第三方图像处理库，但是由于其强大的功能与众多的使用人数，几乎已经被认为是 Python 官方图像处理库了。通过使用"import PIL"或者"from PIL import *"导入该图像库。

Image 类是 PIL 中的核心类，要从文件加载图像，可以使用 Image 类中的 open() 函数。

2. 显示图片

使用 matplotlib.pyplot.imshow(X, cmap=None)函数绘制图片。其中，X 是要绘制的图像或者数组，cmap 表示颜色图谱（colormap），默认绘制为 RGB 颜色空间，如果要绘制灰度图片，那么将其设置为 cmap=gray。

8.4　应用实例

问题描述

使用面向对象方式编程实现招生人数查询系统（见图 8-16）。使用账户密码登录系统，如果输入账户密码合法，则登录系统并弹出新窗体，否则弹出错误对话框。登录系统后在新窗体上有主菜单项：文件和退出。选择"文件"菜单下的"显示数据"命令可以查看招生数据，可以对其进行修改并单击"保存数据"按钮进行保存；导入数据后单击分析数据可以查看不同民族招生人数的对比统计；单击"退出"可退出系统。

图8-16　招生人数比例分析

基本思路

（1）实现界面的绘制，包括登录界面以及登录后弹出的窗体，具体可以参考第 7 章图形界面绘制综合实例。

（2）在页面中增加按钮"分析数据"，单击该按钮，按照民族统计招生人数，使用柱状图展示招生人数。

（3）单击"退出"按钮，退出系统。

程序代码

（1）main.py 代码。

```python
from tkinter import *
import numpy as np
from LoginPage import *
root = Tk()
root.title('招生人数查询系统')
LoginPage(root)
root.mainloop()
```

（2）LoginPage.py 代码。

```python
from tkinter import *
from tkinter.messagebox import *
from MainPage import *
import time
```

```
class LoginPage(object):
    def __init__(self, master=None):
        self.root = master                              #定义内部变量root
        self.root.geometry('%dx%d' % (500, 300))        #设置窗口大小
        self.username = StringVar()
        self.password = StringVar()
        self.createPage()
    def createPage(self):
        self.page = Frame(self.root)                     #创建Frame
        self.page.pack()
        Label(self.page,text='招生人数查询系统',bg='#d3fbfb',fg='red',font=
('宋体',25),relief=SUNKEN).grid(row=1, columnspan=2,stick=E+W)
        Label(self.page, text = ' ').grid(row=2, stick=W, pady=10)
        Label(self.page,text = '账户: ',font=("宋体",12)).grid(row=3,stick=E,
pady=10)
        Entry(self.page,textvariable=self.username).grid(row=3,  column=1,
stick=W)
        Label(self.page,text = '密码: ',font=("宋体",12)).grid(row=4,stick=E,
pady=10)
        Entry(self.page,textvariable=self.password,  show='*').grid(row=4,
column=1, stick=W)
        Button(self.page,  text=' 登 录 ',font=(" 宋 体 ",10),command=self.
loginCheck).grid(row=5, columnspan=2,stick=W,padx=50, pady=10)
        Button(self.page,  text=' 退 出 ',font=(" 宋 体 ",10),command=self.
root.destroy).grid(row=5, columnspan=2, stick=E,padx=50,pady=10)
    def loginCheck(self):
        name = self.username.get()
        password = self.password.get()
        if self.isLegalUser(name,password):
            self.page.destroy()
            MainPage(self.root)
            self.page.pack_forget()
        else:
            showinfo(title='错误', message='账号或密码错误！')
            self.username.set("")
            self.password.set("")
    def isLegalUser(self,name,password):
        with open('账号密码.txt',"r",encoding='utf-8') as f:
            for line in f.readlines():
                info = line[:-1].split(",")
                if len(info)<2:
                    break
                if info[0].strip()==name and  info[1].strip()==password :
                    f.close()
                    return True
        return False
```

（3）MainPage.py 代码。

```
from tkinter import *
from view import *  #菜单栏对应的各个子页面
```

```python
class MainPage(object):
    def __init__(self, master=None):
        self.root = master                             #定义内部变量root
        self.root.geometry('%dx%d' % (600, 500))       #设置窗口大小
        self.createPage()
    def createPage(self):
        self.inputPage = InputFrame(self.root)         # 创建Frame
        self.inputPage.pack()                          #默认显示数据录入界面
        mainmenu = Menu(self.root)
        menuFile=Menu(mainmenu)
        mainmenu.add_cascade(label='文件',menu=menuFile)
        menuFile.add_command(label='导入数据',command=self.inputData)
        menuExit=Menu(mainmenu)
        mainmenu.add_cascade(label='退出',menu=menuExit)
        menuExit.add_command(label='退出',command=self.root.destroy)
        self.root['menu']=mainmenu
    def inputData(self):
        self.inputPage.pack()
```

（4）view.py 代码。

```python
from tkinter import *
from tkinter import ttk
import csv
import pandas as pd
import tkinter.messagebox
import matplotlib.pyplot as plt
from matplotlib.figure import Figure

class InputFrame(Frame):                               # 继承Frame类
    def __init__(self, master=None):
        Frame.__init__(self, master)
        self.root = master                             #定义内部变量root
        self.createPage()
    def createPage(self):
        s_x = Scrollbar(self)
        s_x.pack(side = RIGHT, fill = Y)
        s_y = Scrollbar(self, orient = HORIZONTAL)
        s_y.pack(side = BOTTOM, fill = X)
        text = Text(self, yscrollcommand = s_x.set, xscrollcommand = s_y.set,
wrap = 'none')
        text.pack(fill=BOTH)
        s_x.config(command = text.yview)
        s_y.config(command = text.xview)
        def openfile():
            text.delete(1.0,END)
            csvreader = csv.reader(open('招生人数.csv', 'r'))
            final_list = list(csvreader)
            for i in range(0,len(final_list)):
                text.insert(INSERT,final_list[i])
                text.insert(INSERT,'\n')
```

```
        def savefile():
            text_content = []
            text_content = (text.get(1.0,END).replace(' ',',')).split("\n")
            text_content.pop()
            text_content.pop()
            new=[]
            for el in text_content:
                new.append(el.split(","))
            with open('招生人数.csv','w',newline='') as t:
                writer=csv.writer(t)
                writer.writerows(new)
                tkinter.messagebox.showinfo('通知','保存成功！')
        def anafile():
            csvreader = csv.reader(open('招生人数.csv', 'r'))
            show_data = list(csvreader)[1:]
            # 用来正常显示中文标签
            plt.rcParams['font.sans-serif']=['SimHei','Times New Roman']
            plt.rcParams['axes.unicode_minus']=False
            df=pd.DataFrame(show_data,columns=['年份','专业','民族','人数'])
            print(df)
            df['人数'] = df['人数'].apply(pd.to_numeric)
            df.set_index(['民族'], inplace=True)
            df.plot(kind='bar')
            plt.title('各民族人数统计',fontproperties='STKAITI',fontsize=20)
            plt.xlabel('民族',fontproperties='STKAITI',fontsize=18)
            plt.ylabel('人数',fontproperties='simhei',fontsize=18)
            plt.show()
            Button(self,text=" 显 示 数 据 ",width=10,command=openfile).pack(side
='left', padx=10)
            Button(self,text="分析数据",width=10,command=anafile).pack(side
='left', padx=10)
            Button(self,text=" 保 存 数 据 ",width=10,command=savefile).pack(side
='right', padx=10)
```

第 9 章

综 合 案 例

为了进一步巩固和综合应用前面章节中所学的相关知识点，培养使用计算思维分析问题、解决问题的能力，本章设计了一个高考信息管理系统，首先对系统功能做需求分析，然后分别采用面向过程和面向对象的程序设计方法给出了参考代码。

学习目标

通过本章的学习，应该掌握以下内容：
（1）问题的需求分析。
（2）系统的模块划分。
（3）结构化程序设计的综合应用。
（4）面向对象思想和 GUI 的综合应用。

9.1 系统功能描述

9.1.1 文件数据

该系统有两个原始文件数据，一个是学生的基本信息文件，采用 csv 格式存储，每个考生的信息包括：编号、姓名、性别、年龄、民族、省份、文理、爱好和分数。其中，编号不重复，是区分学生的唯一标识，学生信息如表 9-1 所示。

表 9-1 学生信息表

编 号	姓 名	性 别	年 龄	民 族	省 份	文 理	爱 好	分 数
202001	张旭飞	男	18	汉族	北京	文	画画、听音乐	600
202002	王凌志	男	20	回族	河北	理	爬山、写作	588
202003	李红	女	17	藏族	四川	文	羽毛球	569
202004	赵颖	女	18	壮族	广西	理	篮球、下棋	640

另一个是账号密码文件，采用文本文件 txt 格式存储，管理员账号和密码必须事先存放在该文件中，其他用户账号可以由管理员登录后进行添加和删除。每个用户的账号和密码在同一行

中，用逗号分隔，例如，管理员的账号和密码可设置为：admin,2020。

9.1.2　需求分析

系统运行时，需要输入正确的用户账号和密码，登录成功后，系统会先从当前目录中读取存储学生信息的 csv 格式文件，作为后续处理的原始数据。

学生数据的管理和分析，包括 6 个功能模块：账户管理、数据编辑、数据查找、数据排序、数据统计和文件处理。

1．账户管理

账户管理模块包括账户增加、账户删除和密码修改。其中，账户增加和账户删除只能是管理员身份可以使用，密码修改允许当前已登录系统的账户可以修改自己的密码，不可以修改其他账户的密码。

2．数据编辑

数据编辑模块包括增加学生信息、删除学生信息和修改学生信息。学生信息文件中，一行数据描述的是一名学生的所有信息，这里的编辑功能也以整行数据为单位进行处理，其中，删除和修改时需要指定学生的编号。

3．数据查找

数据查找模块提供 3 种方式：按编号查找某个学生的信息、查找某个民族的所有学生信息、按照省份和文理科两个条件查找满足条件的学生信息。

4．数据排序

第一种是所有同学按分数降序排列；第二种是提取某个省的所有学生，按分数降序排列；最后一种是所有同学先按文理升序排列，再按分数升序排列。前两种排序方式都是按一个关键字（分数）排序，最后一种是按两个关键字排序（文理和分数）。

5．数据统计

该模块统计三个方面的信息：各个民族的总人数、各个省的最高分/最低分和同学兴趣爱好的词频分析（即统计各种词汇出现的次数）

6．文件处理

该模块包括导入数据和保存文件 2 项功能，当用户登录成功后，调用该模块中的"导入数据"功能读取 csv 格式的学生信息文件，并将文件中的数据存入二维列表中，为其他模块的处理提供原始数据；编辑模块会对二维列表中的数据做增、删、改操作，每次编辑操作会调用"保存文件"功能更新 csv 格式的学生信息文件。

9.1.3　系统功能图

系统功能图如图9-1所示。

图9-1　系统功能图

9.2　结构化设计方案

按照结构化程序设计思想，对整个系统按照自上而下、逐步细化的思路进行设计，将整个问题划分为若干个模块，逐步实现各个模块。

9.2.1　程序设计思路

主程序首先验证用户的合法性，如果用户合法，则导入学生数据。接下来通过循环和分支结构控制各个模块的调用。

验证用户时，我们设定有 3 次输入的机会，如果第 3 次输入的用户名或密码错误，结束整个程序的运行。如果验证通过，则显示功能列表，每个数字对应一个功能模块，如下所示：

1：数据编辑。

2：数据查找。

3：数据排序。

4：数据统计。

5：账户管理。

0：退出程序。

假设输入数字 1，则进入编辑模块，接着会显示编辑功能列表，如下所示：

10：插入学生。

11：删除学生。

12：修改学生。

此时，如果输入 11，则进行删除学生的操作，执行完毕后，会再次显示模块列表，可以继续选择相应的模块，在显示模块列表时，如果输入数字 0，则结束整个程序的运行。

9.2.2　程序流程图

程序流程图如图9-2所示。

图9-2 程序流程图

9.2.3 程序文件结构

为了更好地管理和维护程序，我们把账户管理、数据编辑、数据查找、数据排序、数据统计和文件处理6个模块的实现代码分别放在6个文件中，主程序对应的文件是main.py，用于实现6个功能模块的文件名称如表9-2所示。6个功能模块文件中函数的构成情况如图9-3所示。

表9-2 模块对应的文件名

模块名称	文件名称	模块名称	文件名称
账户管理	UserModule.py	数据排序	SortModule.py
数据编辑	EditModule.py	数据统计	AnalysisModule.py
数据查找	QueryModule.py	文件处理	FileModule.py

图9-3　各模块中的函数构成图

9.2.4　程序代码

1.　main.py 代码

```python
import FileModule as fm
import EditModule as em
import QueryModule as qm
import SortModule as sm
import AnalysisModule as am
import UserModule as um
def ShowMenu( ):
    print("*****************************************\n")
    print("          高考信息管理系统\n")
    print("*****************************************\n")
    print("*       1、数据编辑模块       *\n")
    print("*       2、数据查找模块       *\n")
    print("*       3、数据排序模块       *\n")
    print("*       4、数据统计模块       *\n")
    print("*       5、账户管理模块       *\n")
    print("*       0、退出程序          *\n")
    print("*****************************************\n")
UserName=um.LoginCheck( )
data=fm.ImportData()
while( 1 ):
    ShowMenu()
    choice=int(input("输入你的选择:").strip(" "))
    if choice==0:
        break
```

```
        elif choice==1:
            em.EditModule(data)
        elif choice==2:
            qm.QueryModule(data)
        elif choice==3:
            sm.SortModule(data)
        elif choice==4:
            am.AnalysisModule(data)
        elif choice==5:
            um.UserModule(UserName)
        else:
            print("输入的模块编号错误!")
        input("Press any key to continue...")
```

2. EditModule.py 代码

```
import FileModule as fm
def InsertLine(data,info):
    info=info.strip(" ").split("、")
    data.append(info)
    fm.SaveFile(data)
def DeleteLine(data,number):
    flag=0
    for line in data:
        if number in line:
            data.remove(line)
            fm.SaveFile(data)
            flag=1
            break
    if flag==0:
        print("不存在该编号的学生!")
def ChangeLine(data,number):
    flag=0
    for i in range(len(data)):
        if number in data[i]:
            print("编号为:"+number+"的学生信息如下:")
            print(data[i])
            newline=input("请输入修改后的编号、姓名、性别、年龄、民族、省份、文理、爱
好、分数\n")
            newline=newline.strip(" ").split("、")
            data[i]=newline
            fm.SaveFile(data)
            flag=1
            break
    if flag==0:
        print("不存在该编号的学生!")
def EditModule(data):
    print(" 10、插入学生信息\n")
    print(" 11、删除学生信息\n")
    print(" 12、修改学生信息\n")
    flag=int(input("请输入选择: ").strip(" "))
```

```
        if flag==10:
            info=input("请输入编号、姓名、性别、年龄、民族、省份、文理、爱好、分数\n")
            InsertLine(data,info)
        elif flag==11:
            number=input("请输入要删除学生的编号:").strip(" ")
            DeleteLine(data,number)
        elif flag==12:
            number=input("请输入要修改学生的编号:").strip(" ")
            ChangeLine(data,number)
        else:
            print("输入的功能编号非法!")
```

3. QueryModule.py 代码

```
def QueryNum(data,num):
    result=[ ]
    for line in data:
        if line[0]==num:
            result=line
            break
    return result
def QueryNation(data,nation):
    flag=0
    result=[ ]
    for line in data:
        if line[4]==nation:
            print(line)
            flag=1
    if flag==0:
        print('没有'+nation+'的学生!')
def QueryProv(data,pro,kind):
    flag=0
    result=[ ]
    for line in data:
        if line[5]==pro and line[6]==kind:
            print(line)
            flag=1
    if flag==0:
        print('没有'+pro+'的'+kind+'科学生!')
def QueryModule(data):
    print(" 20、按编号查找学生\n")
    print(" 21、按民族查找学生\n")
    print(" 22、按省和文理查找学生\n")
    choice=int(input("请输入选择: ").strip(" "))
    if choice==20:
        number=input("请输入要查询学生的编号:").strip(" ")
        if QueryNum(data,number):
            print(QueryNum(data,number))
        else:
            print('没有编号为'+number+'的学生!')
    elif choice==21:
```

```
        nation=input("请输入要查询的民族:").strip(" ")
        QueryNation(data,nation)
    elif choice==22:
        strinfo=input("请输入要查询的省份及文理科（顿号分割）:").strip(" ")
        lsinfo=strinfo.split('、')
        QueryProv(data,lsinfo[0],lsinfo[1])
    else:
        print("输入的功能编号错误!")
```

4. SortModule.py 代码

```python
def SortAll(data):
    if len(data)>=0:
        data_sorted=sorted(data,key=(lambda x:x[8]),reverse=True)
        for line in data_sorted:
            print(line)
    else:
        print("学生数据为空! ")
def SortPro(data,pro):
    if len(data)>0:
        flag=0
        ls_pro=[ ]
        for line in data:
            if line[5].strip(" ")==pro:
                ls_pro.append(line)
                flag=1
                if flag==0:
                    print('没有'+pro+'的学生')
                else:
                    data_sorted=sorted(ls_pro,key=(lambda x:x[8]),reverse=True)
                    for line in data_sorted:
                        print(line)
    else:
        print("学生数据为空! ")
def SortKindAndScore(data):
    if len(data)>0:
        data_sorted=sorted(data,key=(lambda x:(x[6],x[8])))
        for line in data_sorted:
            print(line)
    else:
        print("学生数据为空! ")
def SortModule(data):
    print("30、所有学生按分数降序\n")
    print("31、某省的学生按分数降序\n")
    print("32、所有学生先按文理再按分数升序\n")
    choice=int(input("请输入选择: ").strip(" "))
    if choice==30:
        SortAll(data)
    elif choice==31:
        pro=input("请输入要排序的省份:").strip(" ")
        SortPro(data,pro)
```

```
        elif choice==32:
            SortKindAndScore(data)
        else:
            print("输入的功能编号错误!")
```

5. AnalysisModule.py 代码

```python
import jieba
def GetDictMax(data_dict,data):
    for key in data_dict:
        max_score=data_dict[key]
        for line in data:
            if line[5].strip(" ")==key:
                max_score=max( max_score,int(line[8]) )
        data_dict[key]=max_score
    return data_dict
def GetDictMin(data_dict,data):
    for key in data_dict:
        min_score=data_dict[key]
        for line in data:
            if line[5].strip(" ")==key:
                min_score=min( min_score,int(line[8]) )
        data_dict[key]=min_score
    return data_dict
def GetProMaxMin(data):
    if len(data)>0:
        data_dict={}
        for line in data:
            data_dict[line[5]]=int(line[8])
        max_data_dict=GetDictMax(data_dict,data)
        min_data_dict=GetDictMin(data_dict,data)
        pro=list(max_data_dict)
        max_score=list(max_data_dict.values())
        min_score=list(min_data_dict.values())
        print("省份\t","最高分\t","最低分\t")
        for i in range(len(max_data_dict)):
            print(pro[i],"\t",max_score[i],"\t",min_score[i])
    else:
        print("学生数据为空!")
        return 0
def GetNationPeoples(data):
    if len(data)>0:
        data_dict={}
        for line in data:
            data_dict[line[4]]=data_dict.get(line[4],0)+1
        print("民族\t","人数\t")
        for item in data_dict.items():
            print(item[0],"\t",item[1],"\t")
    else:
        print("学生数据为空!")
def AnalysisHobby(data):
```

```
        if len(data)>0:
            wordstr=''
            for line in data:
                wordstr=wordstr+line[7]
            wordstr=wordstr.replace('、','').strip(' \n')
            word_dict={}
            words=jieba.lcut( wordstr )
            for word in words:
                word_dict[word]=word_dict.get(word,0)+1
            print("词语\t","出现次数\t")
            for item in word_dict.items():
                print(item[0],"\t",item[1],"\t")
        else:
            print("学生数据为空!")
def AnalysisModule(data):
    print(" 40、按编号查找学生\n")
    print(" 41、按民族查找学生\n")
    print(" 42、按省和文理查找学生\n")
    choice=int(input("请输入选择: ").strip(" "))
    if choice==40:
        GetProMaxMin(data)
    elif choice==41:
        GetNationPeoples(data)
    elif choice==42:
        AnalysisHobby(data)
    else:
        print("输入的功能编号错误!")
```

6. UserModule.py 代码

```
import sys
def ReadTxtFile():
    with open('账号密码.txt',"r",encoding='utf-8') as f:
        userList=[ ]
        for line in f.readlines():
            user=line.strip(" \n").split(",")
            userList.append(user)
        return userList
def IsLegalUser(username,password):
    UserList=ReadTxtFile()
    for line in UserList:
        if len(line)<2:
            break
        else:
            if username.strip(" ")==line[0] and password.strip(" ")==line[1]:
                return True
    return False
def LoginCheck():
    flag=0
    for i in range(3):
        username=input("请输入用户名: ").strip(" ")
```

```
            password=input("请输入密码: ").strip(" ")
            if IsLegalUser(username,password):
                flag=1
                return username
            else:
                if i<2:
                    print("用户名或密码错误!您还有"+str(2-i)+"次机会")
                else:
                    print("您的输入次数达到上限, 程序结束运行!")
        if flag==0:
            sys.exit()
def AddUser(user_name):
    if user_name=="admin":
        flag=0
        Uname=input("请输入账号:")
        UserList=ReadTxtFile()
        for line in UserList:
            if Uname.strip(" ")==line[0]:
                print("该账号已存在! ")
                flag=1
                break
        if flag==0:
            Upassword=input("请输入密码:")
            with open("账号密码.txt","a") as f:
                f.write(Uname.strip(" ")+","+Upassword.strip(" "))
                print("已成功添加新用户! ")
    else:
        print("当前账户没有该权限! ")
def DeleteUser(user_name):
    if user_name=="admin":
        Uname=input("请输入要删除的账号:").strip(" ")
        UserList=ReadTxtFile()
        flag=0
        with open("账号密码.txt","w") as f_w:
            for line in UserList:
                if line[0]==Uname:
                    flag=1
                    continue
                f_w.write(line)
            if flag==0:
                print("不存在该账号! ")
            else:
                print("成功删除账号为: "+Uname+"的用户")
    else:
        print("当前账户没有该权限! ")
def ChangePassword(username):
    flag=0
    password=input("请输入原密码:").strip(" ")
    UserList=ReadTxtFile()
    with open('账号密码.txt',"w") as f_w:
```

```
    for line in UserList:
        if line[1]==password:
            flag=1
            continue
        f_w.write(line[0]+","+line[1]+"\n")
    if flag==0:
        print("密码错误! ")
    else:
        newpassword=input("请输入新密码:").strip(" ")
        newline=username+","+newpassword
        f_w.write(newline+"\n")
def UserModule(UserName):
    print(" 50、添加账户\n")
    print(" 51、删除帐户\n")
    print(" 52、修改密码\n")
    choice=int(input("请输入选择: ").strip(" "))
    if choice==50:
        AddUser(UserName)
    elif choice==51:
        DeleteUser(UserName)
    elif choice==52:
        ChangePassword(UserName)
    else:
        print("输入的功能编号错误!")
```

9.3 面向对象设计方案

在该方案中，程序采用了面向对象的设计思想，同时加了图形用户界面，整个程序的操作更加方便而友好。

9.3.1 设计思路

程序中包含两个窗体，一个是登录窗体，另一个是主窗体。这两个窗体分别对应两个类：class LoginPage 和 class MainPage。程序运行时，先创建登录窗体，如图 9-4 所示，如果用户名或密码错误，会提示"账号或密码错误"，直到输入正确的用户名和密码，销毁登录窗体，创建主窗体，如图 9-5 所示。

图9-4　登录界面

图9-5　系统主界面

主窗体中显示的主菜单（文件、编辑、查找、排序、统计和用户）和需求分析中的 6 个功能模块一一对应。

9.3.2 程序结构剖析

1. 主程序（main.py）基本框架

- 导入 tkinter 模块。
- 导入登录模块。
- 创建主窗口。
- 设置主窗口标题栏。
- 调用登录模块的 LoginPage 创建登录窗口。
- 显示窗口。

2. 主程序和模块关系

该案例总共包含 8 个源文件：main.py、LoginPage.py、MainPage.py、EditPage.py、QueryPage.py、SortPage.py、AnalysisPage.py 和 UserPage.py。主程序和各个模块之间的结构关系如图 9-6 所示。

图9-6 主程序和模块的关系

3. 各个模块中包含的类

在主菜单的 6 个菜单项中，"文件"下拉列表中的"导入数据"、"保存文件"和"退出"三项功能的实现代码都在 class MainPage 类中，另外 5 个菜单项对应的功能分别放在 5 个模块文件中，例如，"编辑"下拉列表中的"插入"、"删除"和"修改"都在 EditPage.py 文件中实现。其中，"插入"功能使用 class InsertPage，"删除"功能使用 class DeletePag，"修改"功能使用 class ChangePage。模块文件中的类如图 9-7 所示。

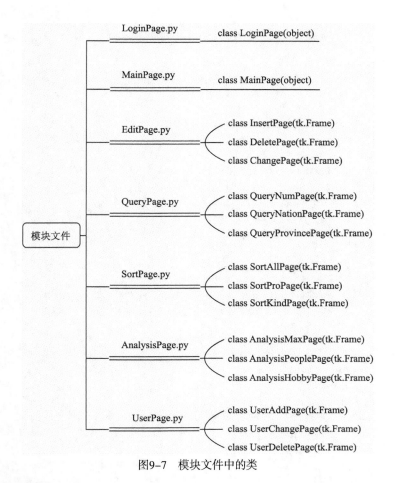

图9-7　模块文件中的类

9.3.3　程序代码

1. main.py 代码

```
import tkinter  as tk
import LoginPage as lp
root = tk.Tk()
root.title('高考信息管理系统')
lp.LoginPage(root)
root.mainloop()
```

2. LoginPage.py 代码

```
import tkinter as tk
import tkinter.messagebox as ms
import MainPage as mp
class LoginPage(object):
    def __init__(self, master=None):
        self.root = master
        self.root.geometry('%dx%d' % (500, 300))
        self.username = tk.StringVar()
        self.password = tk.StringVar()
```

```
            self.E1=tk.Entry(self.root)
            self.createPage( )
        def loginCheck(self):
            name = self.username.get().strip(" ")
            password = self.password.get().strip(" ")
            if self.isLegalUser(name,password):
                self.page.destroy()
                mp.MainPage(self.root,name)
            else:
                ms.showinfo(title='错误', message='账号或密码错误！')
                self.username.set("")
                self.password.set("")
        def isLegalUser(self,name,password):
            with open('账号密码.txt',"r",encoding='utf-8') as f:
                for line in f.readlines():
                    info = line[:-1].split(",")
                    if len(info)<2:
                        break
                    if info[0].strip()==name and  info[1].strip()==password :
                        f.close()
                        return True
            return False
        def createPage(self):
            self.page = tk.Frame(self.root)
            self.page.pack()
            tk.Label(self.page, text = ' ').grid(row=0, stick=tk.W, pady=10)
            tk.Label(self.page, text = "高考信息管理系统", font=('Helvetica 20
bold'),background="white")\
                            .grid(row=1, columnspan=2,stick=tk.E+tk.W)
            tk.Label(self.page, text = ' ').grid(row=2, stick=tk.W, pady=10)
            tk.Label(self.page, text = '账号: ').grid(row=3,stick=tk.E,pady=10)
            tk.Entry(self.page,           textvariable=self.username).grid(row=3,
column=1, stick=tk.W)
            tk.Label(self.page, text = '密码: ').grid(row=4,stick=tk.E,pady=10)
            tk.Entry(self.page,show="*",textvariable=self.password).grid(row=4,
column=1, stick=tk.W)
            tk.Button(self.page,text="登录",width=5,command=self.loginCheck)\
                    .grid(row=5, columnspan=2,stick=tk.W,padx=50, pady=10)
            tk.Button(self.page,text="退出",width=5,command=self.page.quit)\
                    .grid(row=5, columnspan=2, stick=tk.E,padx=50,pady=10)
```

3.　MainPage.py 代码

```
import tkinter as tk
import EditPage as ep
import QueryPage as qp
import SortPage as sp
import AnalysisPage as ap
import UserPage as up
import csv
class MainPage(object):
```

```python
    def __init__(self,master=None,name=""):
        self.root = master
        self.root.geometry('%dx%d' % (600, 600))
        self.data=[]
        self.username=name
        self.createPage()
    def createPage(self):
        self.InsertPage = ep.InsertPage(self.root,self.data)
        self.DeletePage = ep.DeletePage(self.root,self.data)
        self.ChangePage = ep.ChangePage(self.root,self.data)
        self.QuerynumPage = qp.QueryNumPage(self.root,self.data)
        self.QuerynationPage = qp.QueryNationPage(self.root,self.data)
        self.QueryprovincePage = qp.QueryProvincePage(self.root,self.data)
        self.SortallPage = sp.SortAllPage(self.root,self.data)
        self.SortproPage = sp.SortProPage(self.root,self.data)
        self.SortkindPage = sp.SortKindPage(self.root,self.data)
        self.AnalysismaxPage = ap.AnalysisMaxPage(self.root,self.data)
        self.AnalysispeoplePage = ap.AnalysisPeoplePage(self.root,self.data)
        self.AnalysishobbyPage = ap.AnalysisHobbyPage(self.root,self.data)
        self.UserAddPage = up.UserAddPage(self.root,self.username)
        self.UserChangePage = up.UserChangePage(self.root,self.username)
        self.UserDeletePage = up.UserDeletePage(self.root,self.username)
        self.createMenu()
    def forgetAll(self):
        self.DeletePage.pack_forget()
        self.InsertPage.pack_forget()
        self.ChangePage.pack_forget()
        self.QuerynumPage.pack_forget()
        self.QuerynationPage.pack_forget()
        self.QueryprovincePage.pack_forget()
        self.SortallPage.pack_forget()
        self.SortproPage.pack_forget()
        self.SortkindPage.pack_forget()
        self.AnalysismaxPage.pack_forget()
        self.AnalysispeoplePage.pack_forget()
        self.AnalysishobbyPage.pack_forget()
        self.UserAddPage.pack_forget()
        self.UserChangePage.pack_forget()
        self.UserDeletePage.pack_forget()
    def inputData(self):
        self.forgetAll()
        self.InsertPage.pack()
    def deletData(self):
        self.forgetAll()
        self.DeletePage.pack()
    def changeData(self):
        self.forgetAll()
        self.ChangePage.pack()
    def queryNum(self):
        self.forgetAll()
```

```
                    self.QuerynumPage.pack()
        def queryNation(self):
            self.forgetAll()
            self.QuerynationPage.pack()
        def queryProvince(self):
            self.forgetAll()
            self.QueryprovincePage.pack()
        def sortAll(self):
            self.forgetAll()
            self.SortallPage.pack()
        def sortPro(self):
            self.forgetAll()
            self.SortproPage.pack()
        def sortKind(self):
            self.forgetAll()
            self.SortkindPage.pack()
        def analysisMax(self):
            self.forgetAll()
            self.AnalysismaxPage.pack()
        def analysisPeople(self):
            self.forgetAll()
            self.AnalysispeoplePage.pack()
        def analysisHobby(self):
            self.forgetAll()
            self.AnalysishobbyPage.pack()
        def userAdd(self):
            self.forgetAll()
            self.UserAddPage.pack()
        def passwordChange(self):
            self.forgetAll()
            self.UserChangePage.pack()
        def userDelete(self):
            self.forgetAll()
            self.UserDeletePage.pack()
        def ImportData(self):
            with open("成绩单.csv",'r') as f:
                f.readline( )
                for line in f:
                    t=line.strip('\n').split(',')
                    self.data.append(t)
        def SaveFile(self):
            with open("成绩单(新).csv",'w',newline='') as f:
                w = csv.writer(f)
                w.writerow(["编号","姓名","性别","年龄","民族","省份","文理","爱好",
"分数"])
                w.writerows(self.data)
        def createMenu(self):
            menu_main=tk.Menu(self.root)
            file_manage=tk.Menu(menu_main)
            data_change=tk.Menu(menu_main)
```

```
            data_search=tk.Menu(menu_main)
            data_sort=tk.Menu(menu_main)
            data_analysis=tk.Menu(menu_main)
            user_manage=tk.Menu(menu_main)
            file_manage.add_command(label='导入数据',command=self.ImportData)
            file_manage.add_command(label='保存文件',command=self.SaveFile)
            file_manage.add_command(label='退出',command=self.root.quit())
            data_change.add_command(label='插入',command=self.inputData)
            data_change.add_command(label='删除',command=self.deleteData)
            data_change.add_command(label='修改',command=self.changeData)
            data_search.add_command(label='按编号查询',command=self.queryNum)
            data_search.add_command(label='按民族查询',command=self.queryNation)
            data_search.add_command(label='按省份和文理查询',command=self.queryProvince)
            data_sort.add_command(label='所有分数排序',command=self.sortAll)
            data_sort.add_command(label='省份分数排序',command=self.sortPro)
            data_sort.add_command(label='文理分数排序',command=self.sortKind)
            data_analysis.add_command(label='各省份的最高分',command=self.analysisMax)
            data_analysis.add_command(label='各民族的总人数',command=self.analysisPeople)
            data_analysis.add_command(label='兴趣爱好词频',command=self.analysisHobby)
            user_manage.add_command(label='添加账户',command=self.userAdd)
            user_manage.add_command(label='修改密码',command=self.passwordChange)
            user_manage.add_command(label='删除账户',command=self.userDelete)
            menu_main.add_cascade(label='文件',menu=file_manage)
            menu_main.add_cascade(label='编辑',menu=data_change)
            menu_main.add_cascade(label='查找',menu=data_search)
            menu_main.add_cascade(label='排序',menu=data_sort)
            menu_main.add_cascade(label='统计',menu=data_analysis)
            menu_main.add_cascade(label='用户',menu=user_manage)
            self.root['menu']=menu_main
```

4. EditPage.py 代码

```
import tkinter as tk
import tkinter.messagebox as ms
class InsertPage(tk.Frame):
    def __init__(self, master=None,data=[]):
        tk.Frame. __init__(self, master)

        self.root = master
        self.E1 = tk.Entry(self)
        self.E2 = tk.Entry(self)
        self.E3 = tk.Entry(self)
        self.E4 = tk.Entry(self)
        self.E8 = tk.Entry(self)
        self.E9 = tk.Entry(self)
        nation='''汉族、蒙古族、回族、苗族、傣族、彝族、黎族、藏族、壮族、满族、朝鲜族、
高山族、维吾尔族、土家族、哈萨克族、羌族、瑶族、侗族、白族'''.split('、')
        self.E5 = tk.Spinbox(self,values=tuple(nation),width=19)
        province='''河北省、山西省、辽宁省、吉林省、黑龙江省、江苏省、浙江省、安徽省、
福建省、江西省、山东省、河南省、湖北省、湖南省、广东省、海南省、四川省、贵州省、云南省、陕西
省、甘肃省、青海省、台湾省、内蒙古、广西、北京市、天津市、上海市、重庆市、西藏、宁夏、新疆、
香港、澳门'''.split('、')
        self.var = tk.StringVar()
```

```python
            self.var.set(province[0])
            self.E6 = tk.OptionMenu(self,self.var,*province)
            kind=('理科','文科')
            self.E7 = tk.Spinbox(self,values=kind,width=19)
            self.data=data
            self.createPage()
    def SetValue(self):
        info=[]
        if self.E1.get() and len(self.E1.get())==8:
            info.append(str(self.E1.get()))
            if len(self.E2.get())>1:
                info.append(self.E2.get())
                if self.E3.get().strip(' ')=='女'or self.E3.get().strip(' ')
=='男':
                    info.append(self.E3.get())
                    if int(self.E4.get())>=10 and int(self.E4.get())<=100:
                        info.append(self.E4.get())
                        info.append(self.E5.get())
                        info.append(self.var.get())
                        info.append(self.E7.get())
                        if self.E8.get()!='':
                            info.append(self.E8.get())
                            if int(self.E9.get())>=0:
                                info.append(self.E9.get())
                            else:
                                ms.showinfo(title="出错",message='分数不能为负数')
                                self.E9.delete(0, 'end')
                                self.E9.focus()
                        else:
                            info.append('无')
                    else:
                        ms.showinfo(title="出错",message='年龄非法')
                        self.E4.delete(0, 'end')
                        self.E4.focus()
                else:
                    ms.showinfo(title="出错",message='性别只能是:男或女')
                    self.E3.delete(0, 'end')
                    self.E3.focus()
            else:
                ms.showinfo(title="出错",message='姓名输入有误')
                self.E2.delete(0, 'end')
                self.E2.focus()
        else:
            ms.showinfo(title="出错",message='编号是8位的字符串! ')
            self.E1.delete(0, 'end')
            self.E1.focus()
        self.data.append(info)
    def createPage(self):
        tk.Label(self, text = ' ').grid(row=0, stick=tk.W, pady=10)
        self.E1.grid(row=1, column=1, stick=tk.E)
        tk.Label(self, text = '编号: ').grid(row=1, stick=tk.W, pady=10)
        self.E2.grid(row=2, column=1, stick=tk.E)
        tk.Label(self, text = '姓名: ').grid(row=2, stick=tk.W, pady=10)
```

```
        self.E3.grid(row=3, column=1, stick=tk.E)
        tk.Label(self, text = '性别: ').grid(row=3, stick=tk.W, pady=10)
        self.E4.grid(row=4, column=1, stick=tk.E)
        tk.Label(self, text = '年龄: ').grid(row=4, stick=tk.W, pady=10)
        self.E5.grid(row=5, column=1, stick=tk.E)
        tk.Label(self, text = '民族: ').grid(row=5, stick=tk.W, pady=10)
        self.E6.grid(row=6, column=1,sticky='NSWE', pady=5)
        tk.Label(self, text = '省份: ').grid(row=6, stick=tk.W, pady=10)
        self.E7.grid(row=7, column=1, stick=tk.E)
        tk.Label(self, text = '文理: ').grid(row=7, stick=tk.W, pady=10)
        self.E8.grid(row=8, column=1, stick=tk.E)
        tk.Label(self, text = '爱好: ').grid(row=8, stick=tk.W, pady=10)
        self.E9.grid(row=9, column=1, stick=tk.E)
        tk.Label(self, text = '分数: ').grid(row=9, stick=tk.W, pady=10)
        tk.Label(self, text = '  ').grid(row=10, stick=tk.W, pady=10)
        tk.Button(self,text="插入",width=5,command=self.SetValue).\
                        grid(row=11, stick=tk.W, pady=10)
        tk.Button(self,text="取消",width=5,command=self.quit())\
                    .grid(row=11, column=1, stick=tk.E)
    class DeletePage(tk.Frame):
        def __init__(self, master=None,data=[]):
            tk.Frame.__init__(self, master)
            self.root = master
            self.E1 = tk.Entry(self)
            self.data=data
            self.createPage()
        def DeleteInfo(self):
            if self.E1.get()=='':
                ms.showinfo(title="出错",message='输入的编号不能为空')
                return 0
            flag=0
            for item in self.data:
                if item[0]==self.E1.get():
                    self.data.remove(item)
                    flag=1
                    break
            if flag==0:
                ms.showinfo(title="出错",message='输入的编号不存在')
        def createPage(self):
            tk.Label(self, text = '  ').grid(row=0, stick=tk.W, pady=10)
            tk.Label(self, text = '请输入要删除学生的编号: ').grid(row=1, columnspan=2,
stick=tk.W, pady=10)
            self.E1.grid(row=2,columnspan=2,stick=tk.E)
            tk.Label(self, text = '  ').grid(row=3, stick=tk.W, pady=10)
            tk.Button(self,text="删除",width=5,command=self.DeleteInfo).\
                        grid(row=4, stick=tk.W, pady=10)
            tk.Button(self,text="取消",width=5,command=self.quit())\
                    .grid(row=4, column=1, stick=tk.E)
    class ChangePage(tk.Frame):
        def __init__(self, master=None,data=[]):
            tk.Frame.__init__(self, master)
            self.root = master
```

```
        self.E1 = tk.Entry(self)
        self.data=data
        self.Text=tk.Text(self,height=10)
        self.createPage()
    def ShowInText(self,item):
        title=['编号\t','姓名\t','性别\t','年龄\t','民族\t','省份\t','文理\t',
'爱好\t','分数']
        for t in title:
            self.Text.insert(tk.INSERT,t)
        self.Text.insert(tk.INSERT,'\n')
        for i in range(len(item)):
            self.Text.insert(tk.INSERT,item[i])
            self.Text.insert(tk.INSERT,"\t")
    def ShowInfo(self):
        if self.E1.get()=='':
            ms.showinfo(title="出错",message='输入的编号不能为空')
            return 0
        flag=0
        for item in self.data:
            if item[0]==self.E1.get():
                self.ShowInText(item)
                flag=1
                break
        if flag==0:
            ms.showinfo(title="出错",message='输入的编号不存在')
    def ChangeInfo(self):
        text_content = (self.Text.get("2.0","end").replace(" ","")).split("\t")
        text_content.pop()
        self.data.append( text_content )
    def createPage(self):
        tk.Label(self, text = '    ').grid(row=0, stick=tk.W, pady=10)
        tk.Label(self, text = '请输入要修改学生的编号: ').grid(row=1, column=0,
stick=tk.W, pady=10)
        self.E1.grid(row=1,column=1,stick=tk.E)
        tk.Label(self, text = '    ').grid(row=3, stick=tk.W, pady=10)
        tk.Button(self,text="显示",width=5,command=self.ShowInfo).\
                        grid(row=5, column=0,stick=tk.W, pady=10)
        tk.Button(self,text="修改",width=5,command=self.ChangeInfo).\
                        grid(row=5, column=1,stick=tk.W, pady=10)
        tk.Button(self,text="取消",width=5,command=self.quit())\
                .grid(row=5, column=2, stick=tk.E)
        self.Text.grid(row=6, columnspan=3,stick=tk.E)
```

5. QueryPage.py 代码

```
import tkinter as tk
import tkinter.messagebox as ms
class QueryNumPage(tk.Frame):
    def __init__(self, master=None,data=[]):
        tk.Frame.__init__(self, master)
        self.root = master
        self.E1 = tk.Entry(self)
        self.data=data
        self.Text=tk.Text(self,height=10)
```

```
            self.createPage()
        def ShowInText(self,item):
            title=['编号\t','姓名\t','性别\t','年龄\t','民族\t','省份\t','文理\t',
'爱好\t','分数']
            for t in title:
                self.Text.insert(tk.INSERT,t)
            self.Text.insert(tk.INSERT,'\n')
            for i in range(len(item)):
                self.Text.insert(tk.INSERT,item[i])
                self.Text.insert(tk.INSERT,"\t")
        def ShowInfo(self):
            self.Text.delete(1.0,tk.END)
            if self.E1.get()=='':
                ms.showinfo(title="出错",message='编号不能为空')
                return 0
            flag=0
            for item in self.data:
                if item[0]==self.E1.get().strip(" "):
                    self.ShowInText(item)
                    flag=1
                    break
            if flag==0:
                ms.showinfo(title="出错",message='编号不存在')
        def close(self):
            self.Text.delete(1.0,tk.END)
            self.E1.delete(0, 'end')
            self.E1.focus()
        def createPage(self):
            tk.Label(self, text = '  ').grid(row=0, stick=tk.W, pady=10)
            tk.Label(self, text = '请输入学生编号：').grid(row=1,columnspan=2,
stick=tk.W, padx=163,pady=10)
            self.E1.grid(row=1,columnspan=2,stick=tk.E,padx=152,pady=10)
            tk.Button(self,text="显示",width=5,command=self.ShowInfo).\
                            grid(row=2,columnspan=2,stick=tk.W, padx=200,pady=10)
            tk.Button(self,text="清空",width=5,command=self.close)\
                    .grid(row=2,columnspan=2,stick=tk.E, padx=200,pady=10)
            self.Text.grid(row=3,columnspan=2,stick=tk.E)
    class QueryNationPage(tk.Frame):
        def __init__(self, master=None,data=[]):
            tk.Frame.__init__(self, master)

            self.root = master
            self.E1 = tk.Entry(self)
            self.data=data
            self.Text=tk.Text(self,height=38)
            self.createPage()
        def ShowInText(self,ls):
            title=['编号\t','姓名\t','性别\t','年龄\t','民族\t','省份\t','文理
\t','爱好\t','分数']
            for t in title:
                self.Text.insert(tk.INSERT,t)
            self.Text.insert(tk.INSERT,'\n')
            for line in ls:
                for i in range(len(line)):
```

```python
                self.Text.insert(tk.INSERT,line[i])
                self.Text.insert(tk.INSERT,"\t")
            self.Text.insert(tk.INSERT,'\n')
    def ShowInfo(self):
        self.Text.delete(1.0,tk.END)
        NationLs=[]
        if self.E1.get()=='':
            ms.showinfo(title="出错",message='民族不能为空')
            return 0
        flag=0
        for item in self.data:
            if item[4]==self.E1.get().strip(" "):
                NationLs.append(item)
                flag=1
        if flag==0:
            ms.showinfo(title="出错",message='输入的民族不存在')
        else:
            self.ShowInText(NationLs)
    def close(self):
        self.Text.delete(1.0,tk.END)
        self.E1.delete(0, 'end')
        self.E1.focus()
    def createPage(self):
        tk.Label(self, text = '请输入要查询的民族：').grid(row=0,columnspan=2,
stick=tk.W, padx=155,pady=10)
        self.E1.grid(row=0,columnspan=2,stick=tk.E,padx=140,pady=10)
        tk.Button(self,text="显示",width=5,command=self.ShowInfo).\
                        grid(row=1,columnspan=2,stick=tk.W, padx=200,pady=10)
        tk.Button(self,text="清空",width=5,command=self.close)\
                .grid(row=1,columnspan=2,stick=tk.E, padx=200,pady=10)
        self.Text.grid(row=2,columnspan=2,stick=tk.E)
class QueryProvincePage(tk.Frame):
    def __init__(self, master=None,data=[]):
        tk.Frame.__init__(self, master)
        self.root = master
        self.E1 = tk.Entry(self)
        self.E2 = tk.Entry(self)
        self.data=data
        self.Text=tk.Text(self,height=30)
        self.createPage()
    def ShowInText(self,ls):
        title=['编号\t','姓名\t','性别\t','年龄\t','民族\t','省份\t','文理\t',
'爱好\t','分数']
        for t in title:
            self.Text.insert(tk.INSERT,t)
        self.Text.insert(tk.INSERT,'\n')
        for line in ls:
            for i in range(len(line)):
                self.Text.insert(tk.INSERT,line[i])
                self.Text.insert(tk.INSERT,"\t")
            self.Text.insert(tk.INSERT,'\n')
    def ShowInfo(self):
        self.Text.delete(1.0,tk.END)
```

```
            ProLs=[]
            if self.E1.get()=='':
                ms.showinfo(title="出错",message='省份不能为空')
                self.E1.focus()
                return 0
            else:
                if self.E2.get()=='':
                    ms.showinfo(title="出错",message='文理不能为空')
                    self.E2.focus()
                    return 0
            flag=0
            for item in self.data:
                if item[5]==self.E1.get().strip(" ") and item[6]==self.E2.get().
strip(" "):
                    ProLs.append(item)
                    flag=1
            if flag==0:
                ms.showinfo(title="出错",message="不存在"+self.E1.get().strip(" ")+
'的'+self.E2.get().strip(" ")+"学生")
            else:
                self.ShowInText(ProLs)
    def close(self):
        self.Text.delete(1.0,tk.END)
        self.E1.delete(0, 'end')
        self.E2.delete(0, 'end')
        self.E1.focus()
    def createPage(self):
        tk.Label(self, text = '省份: ').grid(row=0,columnspan=3,stick=tk.W,
padx=50,pady=10)
        self.E1.grid(row=0,columnspan=3,stick=tk.W,padx=60,pady=10)
        tk.Label(self, text = '文理科: ').grid(row=0,columnspan=3,stick=tk.E,
padx=60,pady=10)
        self.E2.grid(row=0,columnspan=3,stick=tk.E,padx=50,pady=10)
        tk.Button(self,text="显示",width=5,command=self.ShowInfo).\
                        grid(row=1,columnspan=3,stick=tk.W, padx=170,pady=10)
        tk.Button(self,text="清空",width=5,command=self.close)\
                .grid(row=1,columnspan=3,stick=tk.E, padx=170,pady=10)
        self.Text.grid(row=2,columnspan=3,stick=tk.E)
```

6. SortPage.py 代码

```
import tkinter as tk
import tkinter.messagebox as ms
class SortAllPage(tk.Frame):
    def __init__(self, master=None,data=[]):
        tk.Frame.__init__(self, master)

        self.root = master
        self.data=data
        self.Text=tk.Text(self,height=41)
        self.createPage()
    def ShowInText(self,sortls):
        title=['编号\t','姓名\t','性别\t','年龄\t','民族\t','省份\t','文理\t',
'爱好\t','分数']
        for t in title:
```

```
                self.Text.insert(tk.INSERT,t)
            self.Text.insert(tk.INSERT,'\n')
            for line in sortls:
                for i in range(len(line)):
                    self.Text.insert(tk.INSERT,line[i])
                    self.Text.insert(tk.INSERT,"\t")
                self.Text.insert(tk.INSERT,'\n')
    def ShowInfoAsc(self):
        self.Text.delete(1.0,tk.END)
        if len(self.data)==0:
            ms.showinfo(title="出错",message='没有学生数据')
            return 0
        else:
            AfterSort=sorted(self.data,key=(lambda x:x[8]))
        self.ShowInText(AfterSort)
    def ShowInfoDes(self):
        self.Text.delete(1.0,tk.END)
        if len(self.data)==0:
            ms.showinfo(title="出错",message='没有学生数据')
            return 0
        else:
            AfterSort=sorted(self.data,key=(lambda x:x[8]),reverse=True)
        self.ShowInText(AfterSort)
    def close(self):
        self.Text.delete(1.0,tk.END)
    def createPage(self):
        tk.Button(self,text="升序",width=5,command=self.ShowInfoAsc).\
                        grid(row=0,columnspan=2,stick=tk.W, padx=100,pady=10)
        tk.Button(self,text="降序",width=5,command=self.ShowInfoDes).\
                        grid(row=0,columnspan=2,stick=tk.W, padx=250,pady=10)
        tk.Button(self,text="清空",width=5,command=self.close)\
                .grid(row=0,columnspan=2,stick=tk.E, padx=100,pady=10)
        self.Text.grid(row=1,columnspan=2,stick=tk.E)
class SortProPage(tk.Frame):
    def __init__(self, master=None,data=[]):
        tk.Frame.__init__(self, master)
        self.root = master
        self.E1 = tk.Entry(self)
        self.data=data
        self.Text=tk.Text(self,height=38)
        self.createPage()
    def ShowInText(self,sortls):
        title=['编号\t','姓名\t','性别\t','年龄\t','民族\t','省份\t','文理\t',
'爱好\t','分数']
        for t in title:
            self.Text.insert(tk.INSERT,t)
        self.Text.insert(tk.INSERT,'\n')
        for line in sortls:
            for i in range(len(line)):
                self.Text.insert(tk.INSERT,line[i])
                self.Text.insert(tk.INSERT,"\t")
            self.Text.insert(tk.INSERT,'\n')
    def ShowInfoAsc(self):
```

```
            self.Text.delete(1.0,tk.END)
            if len(self.data)==0:
                ms.showinfo(title="出错",message='没有学生数据')
                return 0
            else:
                flag=0
                ls_pro=[]
                for line in self.data:
                    if line[5].strip(" ")==self.E1.get().strip(" "):
                        ls_pro.append(line)
                        flag=1
                if flag==0:
                    ms.showinfo(title="出错",message='没有'+self.E1.get()+'的学生')
                else:
                    AfterSort=sorted(ls_pro,key=(lambda x:x[8]))
                    self.ShowInText(AfterSort)
        def ShowInfoDes(self):
            self.Text.delete(1.0,tk.END)
            if len(self.data)==0:
                ms.showinfo(title="出错",message='没有学生数据')
                return 0
            else:
                flag=0
                ls_pro=[]
                for line in self.data:
                    if line[5].strip(" ")==self.E1.get().strip(" "):
                        ls_pro.append(line)
                        flag=1
                if flag==0:
                    ms.showinfo(title="出错",message='没有'+self.E1.get()+'的学生')
                else:
                    AfterSort=sorted(ls_pro,key=(lambda x:x[8]),reverse=True)
                    self.ShowInText(AfterSort)
        def close(self):
            self.Text.delete(1.0,tk.END)
            self.E1.delete(0,'end')
            self.E1.focus()
        def createPage(self):
            tk.Label(self, text = '请输入省份: ').\
                    grid(row=0,columnspan=2,stick=tk.W, padx=175,pady=10)
            self.E1.grid(row=0,columnspan=2,stick=tk.E,padx=165,pady=10)
            tk.Button(self,text="升序",width=5,command=self.ShowInfoAsc).\
                        grid(row=1,columnspan=2,stick=tk.W, padx=100,pady=10)
            tk.Button(self,text="降序",width=5,command=self.ShowInfoDes).\
                        grid(row=1,columnspan=2,stick=tk.W, padx=250,pady=10)
            tk.Button(self,text="清空",width=5,command=self.close)\
                    .grid(row=1,columnspan=2,stick=tk.E, padx=100,pady=10)
            self.Text.grid(row=2,columnspan=2,stick=tk.E)
class SortKindPage(tk.Frame):
    def __init__(self, master=None,data=[]):
        tk.Frame.__init__(self, master)
        self.root = master
        self.data=data
```

```
        self.Text=tk.Text(self,height=41)
        self.createPage()
    def ShowInText(self,sortls):
        title=['编号\t','姓名\t','性别\t','年龄\t','民族\t','省份\t','文理\t',
'爱好\t','分数']
        for t in title:
            self.Text.insert(tk.INSERT,t)
            self.Text.insert(tk.INSERT,'\n')
        for line in sortls:
            for i in range(len(line)):
                self.Text.insert(tk.INSERT,line[i])
                self.Text.insert(tk.INSERT,"\t")
            self.Text.insert(tk.INSERT,'\n')
    def ShowInfoAsc(self):
        self.Text.delete(1.0,tk.END)
        if len(self.data)==0:
            ms.showinfo(title="出错",message='没有学生数据')
            return 0
        else:
            AfterSort=sorted(self.data,key=(lambda x:(x[6],x[8])))
        self.ShowInText(AfterSort)
    def ShowInfoDes(self):
        self.Text.delete(1.0,tk.END)
        if len(self.data)==0:
            ms.showinfo(title="出错",message='没有学生数据')
            return 0
        else:
            AfterSort=sorted( self.data,key=(lambda x:(x[6],x[8])),reverse=True )
        self.ShowInText(AfterSort)
    def close(self):
        self.Text.delete(1.0,tk.END)
    def createPage(self):
        tk.Button(self,text="升序",width=5,command=self.ShowInfoAsc).\
                        grid(row=0,columnspan=2,stick=tk.W, padx=100,pady=10)
        tk.Button(self,text="降序",width=5,command=self.ShowInfoDes).\
                        grid(row=0,columnspan=2,stick=tk.W, padx=250,pady=10)
        tk.Button(self,text="清空",width=5,command=self.close) \
                .grid(row=0,columnspan=2,stick=tk.E, padx=100,pady=10)
        self.Text.grid(row=1,columnspan=2,stick=tk.E)
```

7. AnalysisPage.py 代码

```
import tkinter as tk
import tkinter.messagebox as ms
import matplotlib.pyplot as plt
import jieba
from wordcloud import WordCloud
class AnalysisMaxPage(tk.Frame):
    def __init__(self, master=None,data=[]):
        tk.Frame.__init__(self, master)

        self.root = master
        self.data=data
        self.Text=tk.Text(self,height=41)
        self.createPage()
```

```python
    def ShowInText(self,data_dict1,data_dict2):
        title=['省份\t\t','最高分\t\t','最低分\t']
        for t in title:
            self.Text.insert(tk.INSERT,t)
        self.Text.insert(tk.INSERT,'\n-------------------------------\n')
        pro=list(data_dict1)
        max_score=list(data_dict1.values())
        min_score=list(data_dict2.values())
        for i in range(len(data_dict1)):
            self.Text.insert(tk.INSERT,pro[i])
            self.Text.insert(tk.INSERT,"\t\t")
            self.Text.insert(tk.INSERT,max_score[i])
            self.Text.insert(tk.INSERT,"\t\t")
            self.Text.insert(tk.INSERT,min_score[i])
            self.Text.insert(tk.INSERT,'\n-------------------------\n')
    def GetDictMax(self,data_dict):
        for key in data_dict:
            max_score=data_dict[key]
            for line in self.data:
                if line[5].strip(" ")==key:
                    max_score=max( max_score,int(line[8]) )
            data_dict[key]=max_score
        return data_dict
    def GetDictMin(self,data_dict):
        for key in data_dict:
            min_score=data_dict[key]
            for line in self.data:
                if line[5].strip(" ")==key:
                    min_score=min( min_score,int(line[8]) )
            data_dict[key]=min_score
        return data_dict
    def GetDict(self):
        if len(self.data)==0:
            ms.showinfo(title="出错",message='没有学生数据')
            return 0
        else:
            data_dict={}
            for line in self.data:
                data_dict[line[5]]=int(line[8])
        return data_dict
    def ShowInfo(self):
        self.Text.delete(1.0,tk.END)
        self.ShowInText(   self.GetDictMax(self.GetDict()),self.GetDictMin
(self.GetDict()) )
    def ShowInLine(self):
        max_score_dict=self.GetDictMax( self.GetDict() )
        max_value=list(max_score_dict.values())
        key=list( max_score_dict.keys())
        min_score_dict=self.GetDictMin( self.GetDict() )
        min_value=list(min_score_dict.values())
        plt.rcParams['font.sans-serif']=['SimHei','Times New Roman']
        plt.rcParams['axes.unicode_minus']=False
        fig1 = plt.figure()
        fig1.set_facecolor('blueviolet')
```

```
            plt.subplot(211)
            plt.title('各省分数统计',fontproperties='STKAITI',fontsize=20)
            plt.ylabel('最高分',fontproperties='simhei',fontsize=12)
            plt.plot(key,max_value,marker='o',   mec='r',   mfc='w',color='b',
linestyle='-',linewidth=2)
            plt.subplot(212)
            plt.xlabel('省份',fontproperties='STKAITI',fontsize=12)
            plt.ylabel('最低分',fontproperties='simhei',fontsize=12)
            plt.plot(key,min_value,marker='*',   mec='k',   mfc='w',color='c',
linestyle=':',linewidth=2)
            plt.show()
        def createPage(self):
            tk.Button(self,text="文本方式",width=10,command=self.ShowInfo).\
                        grid(row=0,columnspan=2,stick=tk.W,
padx=180,pady=10)
            tk.Button(self,text="图形方式",width=10,command=self.ShowInLine)\
                .grid(row=0,columnspan=2,stick=tk.E, padx=180,pady=10)
            self.Text.grid(row=1,columnspan=2,stick=tk.E)
    class AnalysisPeoplePage(tk.Frame):
        def __init__(self, master=None,data=[]):
            tk.Frame.__init__(self, master)

            self.root = master
            self.Text=tk.Text(self,height=41)
            self.data=data
            self.createPage()
        def ShowInText(self,data_dict):
            title=['民族\t','人数\t']
            for t in title:
                self.Text.insert(tk.INSERT,t)
            self.Text.insert(tk.INSERT,'\n')
            for key,value in data_dict.items():
                self.Text.insert(tk.INSERT,key)
                self.Text.insert(tk.INSERT,'\t')
                self.Text.insert(tk.INSERT,value)
                self.Text.insert(tk.INSERT,'\n')
        def GetDict(self):
            if len(self.data)==0:
                ms.showinfo(title="错误",message="没有学生数据")
                return 0
            else:
                data_dict={}
                for line in self.data:
                    data_dict[line[4]]=data_dict.get(line[4],0)+1
            return data_dict
        def ShowInData(self):
            self.ShowInText(self.GetDict())
        def ShowInPic(self):
            Peo_dict=self.GetDict()
            value=list(Peo_dict.values())
            key=list( Peo_dict.keys())
            x = list(range(len(key))) # the label locations
            plt.rcParams['font.sans-serif']=['SimHei','Times New Roman']
            plt.rcParams['axes.unicode_minus']=False
```

```
            plt.bar(x,value,width=0.2,tick_label=key)
            plt.title('各民族人数统计',fontproperties='STKAITI',fontsize=20)
            plt.xlabel('民族',fontproperties='STKAITI',fontsize=18)
            plt.ylabel('人数',fontproperties='simhei',fontsize=18)
            plt.show()
        def createPage(self):
            tk.Button(self,text="文本方式",width=10,command=self.ShowInData) .\
                            grid(row=0,columnspan=2,stick=tk.W,padx=180,pady =10)
            tk.Button(self,text="图形方式",width=10,command=self.ShowInPic)\
                    .grid(row=0,columnspan=2,stick=tk.E, padx=200,pady=10)
            self.Text.grid(row=1,columnspan=2,stick=tk.E)
class AnalysisHobbyPage(tk.Frame):
    def __init__(self, master=None,data=[]):
        tk.Frame.__init__(self, master)

        self.root = master
        self.Text=tk.Text(self,height=41)
        self.data=data
        self.createPage()


    def ShowInText(self,data_dict):
        title=['词语\t','出现次数\t']
        for t in title:
            self.Text.insert(tk.INSERT,t)
        self.Text.insert(tk.INSERT,'\n')
        for key,value in data_dict.items():
            self.Text.insert(tk.INSERT,key)
            self.Text.insert(tk.INSERT,'\t')
            self.Text.insert(tk.INSERT,value)
            self.Text.insert(tk.INSERT,'\n')
    def GetWordStr(self):
        wordstr=''
        for line in self.data:
            wordstr=wordstr+line[7]
        wordstr=wordstr.replace('、','').strip(' \n')
        return wordstr
    def ShowWords(self):
        if len(self.data)==0:
            ms.showinfo(title="错误",message="没有学生数据")
            return 0
        else:
            word_dict={}
            words=jieba.lcut( self.GetWordStr() )
            for word in words:
                word_dict[word]=word_dict.get(word,0)+1
            self.ShowInText(word_dict)
    def createPage(self):
        tk.Button(self,text="词频统计",width=10,command=self.ShowWords).\
                grid(row=0,columnspan=2,stick=tk.W, padx=180, pady=10)
        tk.Button(self,text="词云图",width=10,command=self.ShowWords)\
                .grid(row=0,columnspan=2,stick=tk.E, padx=200,pady=10)
        self.Text.grid(row=1,columnspan=2,stick=tk.E)
```

8. UserPage.py 代码

```python
import tkinter as tk
import tkinter.messagebox as ms
import csv
class UserAddPage(tk.Frame):
    def __init__(self, master=None,username=""):
        tk.Frame. __init__(self, master)

        self.root = master
        self.user_name=username
        self.E1 = tk.Entry(self)
        self.E2 = tk.Entry(self,show="*")
        self.createPage()
    def close(self):
        self.E1.delete(0, 'end')
        self.E2.delete(0, 'end')
        self.E1.focus()
    def SaveAccount(self):
        if self.user_name=="admin":
            flag=0
            with open("账号密码.txt","r") as f:
                for line in f:
                    item=line.strip(" \n").split(",")
                    if self.E1.get().strip(" ")==item[0]:
                        ms.showinfo(title="错误",message="该账号已存在！")
                        self.close()
                        flag=1
                        break
            if flag==0:
                with open("账号密码.txt","a") as f:
                    f.write(self.E1.get().strip(" ")+","+self.E2.get().strip(""))
                    ms.showinfo(title="成功",message="已成功添加新用户！")
                    self.close()
        else:
            ms.showinfo(title="错误",message="当前账户没有该权限！")
            self.close()
    def createPage(self):
        tk.Label(self, text = '  ').grid(row=0, stick=tk.W, pady=10)
        tk.Label(self, text = '请输入新用户账号: ').grid(row=1,stick=tk.W,pady=10)
        self.E1.grid(row=1,column=1,stick=tk.E)
        tk.Label(self, text = '  ').grid(row=2, stick=tk.W, pady=10)
        tk.Label(self, text = '请输入新用户密码: ').grid(row=3,stick=tk.W,pady=10)
        self.E2.grid(row=3,column=1,stick=tk.E)
        tk.Label(self, text = '  ').grid(row=4, stick=tk.W, pady=10)
        tk.Button(self,text="保存",width=5,command=self.SaveAccount)\
                .grid(row=5, stick=tk.W, pady=10)
        tk.Button(self,text="取消",width=5,command=self.close)\
                .grid(row=5, column=1, stick=tk.E)
class UserChangePage(tk.Frame):
    def __init__(self, master=None,username=""):
        tk.Frame.__init__(self, master)

        self.root = master
        self.user_name=username
```

```python
        self.E1 = tk.Entry(self)
        self.E2 = tk.Entry(self,show="*")
        self.E3 = tk.Entry(self,show="*")
        self.createPage()

    def close(self):
        self.E1.delete(0, 'end')
        self.E2.delete(0, 'end')
        self.E3.delete(0, 'end')
        self.E1.focus()

    def SaveAccount(self):
        with open("账号密码.txt","r") as f_r:
            lines=f_r.readlines()

        flag=0
        with open("账号密码.txt","w") as f_w:
            for line in lines:
                item=line.strip(" \n").split(",")
                if   item[0]==self.E1.get().strip(" ")   and   item[1]==self.
E2.get().strip(" "):
                    newline=item[0]+","+self.E3.get().strip(" ")
                    flag=1
                    continue
                f_w.write(line)
            if flag==0:
                ms.showinfo(title="错误",message="原账户或密码错误！")
                self.close()
            else:
                f_w.write("\n")
                f_w.write(newline)

    def createPage(self):
        tk.Label(self, text = ' ').grid(row=0, stick=tk.W, pady=10)
        tk.Label(self, text = '请输入原账号: ').grid(row=1,stick=tk.W,pady=10)
        self.E1.grid(row=1,column=1,stick=tk.E)
        tk.Label(self, text = '请输入原密码: ').grid(row=2,stick=tk.W,pady=10)
        self.E2.grid(row=2,column=1,stick=tk.E)

        tk.Label(self, text = '请输入新密码: ').grid(row=3,stick=tk.W,pady=10)
        self.E3.grid(row=3,column=1,stick=tk.E)

        tk.Label(self, text = ' ').grid(row=4, stick=tk.W, pady=10)

        tk.Button(self,text="修改",width=5,command=self.SaveAccount)\
                .grid(row=6, stick=tk.W, pady=10)

        tk.Button(self,text="取消",width=5,command=self.close)\
                .grid(row=6, column=1, stick=tk.E)
class UserDeletePage(tk.Frame):
    def __init__(self, master=None,username=""):

        tk.Frame.__init__(self, master)
```

```
            self.root = master
            self.user_name=username
            self.E1 = tk.Entry(self)
            self.createPage()
        def close(self):
            self.E1.delete(0, 'end')
            self.E1.focus()
        def SaveAccount(self):
            if self.user_name=="admin":
                with open("账号密码.txt","r") as f_r:
                    lines=f_r.readlines()
                flag=0
                with open("账号密码.txt","w") as f_w:
                    for line in lines:
                        item=line.strip(" \n").split(",")
                        if item[0]==self.E1.get().strip(" "):
                            flag=1
                            continue
                        f_w.write(line)
                    if flag==0:
                        ms.showinfo(title="错误",message="不存在该账号！")
                        self.close()
                    else:
                        ms.showinfo(title="成功",message="成功删除账号为："+self.E1.
get().strip(" ")+"的用户")
                        self.close()
            else:
                ms.showinfo(title="错误",message="当前账户没有该权限！")
                self.close()
        def createPage(self):
            tk.Label(self, text = ' ').grid(row=0, stick=tk.W, pady=10)
            tk.Label(self, text = ' ').grid(row=1, stick=tk.W, pady=10)
            tk.Label(self,  text = '请输入要删除的账号：').grid(row=2,
stick=tk.W,pady=10)
            self.E1.grid(row=2,column=1,stick=tk.E)
            tk.Label(self, text = ' ').grid(row=3, stick=tk.W, pady=10)
            tk.Button(self,text="删除",width=5,command=self.SaveAccount)\
                    .grid(row=4, stick=tk.W, pady=10)
            tk.Button(self,text="取消",width=5,command=self.close)\
                    .grid(row=4, column=1, stick=tk.E)
```

附　　录

附录A　Python关键字

若想查询 Python 中有哪些关键字，可以先导入 keyword 模块。

程序代码：

```
import keyword                          #导入关键字模块
>>> print(keyword.iskeyword('or'))      #判断'or'是否为关键字
True
>>> print(keyword.iskeyword('true'))    #判断'true'是否为关键字
False
>>>print(keyword.kwlist)                #输出Python所有的关键字
```

运行情况：

```
['False', 'None', 'True', 'and', 'as', 'assert', 'async', 'await', 'break',
'class', 'continue', 'def', 'del', 'elif', 'else', 'except', 'finally', 'for',
'from', 'global', 'if', 'import', 'in', 'is', 'lambda', 'nonlocal', 'not', 'or',
'pass', 'raise', 'return', 'try', 'while', 'with', 'yield']
```

附录B　常用内置函数

1．运算类：

1）abs(x)

参数：x 可以是整数或浮点数。如果 x 是一个复数，则返回它的模。

形式：abs(x)。

功能：返回一个数的绝对值。

举例：abs(–5)，返回结果 5。

2）divmod(a,b)

参数：a 和 b 为数值型数据。

形式：divmod(a,b)。

功能：把除数和余数运算结果结合起来，返回一个包含商和余数的元组(a // b, a % b)。

举例：divmod(5,2)，返回结果(2,1)。

3）pow(x,y)

参数：x 和 y 为数值型数据。

形式：pow(x,y)。

功能：返回 x 的 y 次方的值，也就是 x^y。

举例：pow(2,3)，返回结果 8。

4）sum(iterable[, start])

参数：iterable 为可迭代对象，如列表、元组、集合，start 为相加的参数。

形式：sum(iterable[, start])。

功能：对序列进行求和计算，并加上参数值。

举例：sum((2, 3, 4), 1)，返回结果 10。

2．类型转换

1）str()

参数：x 为数值型数据。

形式：str(x)。

功能：将指定的值转换为字符串。

举例：str(123)，返回'123'。

2）int(x, base=10)

参数：x 字符串或数字，base 进制数（默认十进制）。

形式：int(x, base=10)。

功能：将一个字符串或数字转换为整型。

举例：int('12',10)，返回数字 12 的十进制表示 12，int('12',16)，返回数字 12 的 16 进制表示 18。

3）float(x)

参数：x 能够被转换为浮点数的数字或字符串。

形式：float(x)。

功能：将一个字符串或数字转换为整型。

举例：float(5)，返回结果 5.0。

4）complex([real[, imag]])

参数：rea 部分可以是 int、long、float 或字符串类型，imag 部分可以使 int、long、float 类型。

形式：complex([real[, imag]])。

功能：函数用于创建一个值为 real + imag * j 的复数或者转化一个字符串或数为复数。如果第一个参数为字符串，则不需要指定第二个参数。

举例：complex(1, 2)，返回结果(1 + 2j)。

5）list(tup)

参数：tup 为要转换为列表的元组，若参数为空，创建空列表。

形式：list(tup)。

功能：创建空列表或将元组转换成列表。

举例：list()，返回结果[]，也就是返回空列表，list((1,2,3))，返回结果[1, 2, 3]。

6）tuple(iterable)

参数：iterable 为要转换为元组的可迭代序列，参数为空创建空元组。

形式：tuple(iterable)。

功能：将列表转换为元组。

举例：tuple([1,2,3])，返回结果(1,2,3)。

7）dict(iterable,**kwargs)

参数：iterable 为可迭代对象，**kwargs 为关键字，如果参数为空则创建空字典。

形式：dict(iterable)。

功能：用于创建一个字典。

举例：dict([('one', 1), ('two', 2), ('three', 3)])，返回结果{'one': 1, 'two': 2, 'three': 3}。

3. 进制转换

1）oct(x)

参数：x 是一个整数。

形式：oct(x)。

功能：将一个整数转换成 8 进制字符串。

举例：oct(10)，返回结果'0o12'。

2）bin(x)

参数：x 是 int 或者 long int 数字。

形式：bin(x)。

功能：返回一个整数 int 或者长整数 long int 的二进制表示。

举例：bin(10)，返回结果'0b1010'。

3）hex(x)

参数：x 十进制整数。

形式：hex(x)。

功能：将 10 进制整数转换成 16 进制，以字符串形式表示。

举例：hex(10)，返回结果'0xa'。

4. 输入输出

1）input([prompt])

参数：prompt 提示信息，可省略。

形式：input([prompt])。

功能：input() 函数接收一个标准输入数据，返回为 string 类型。

举例：input("输入一个数字:")，提示 "输入一个数字:"，输入 1234 后返回'1234'。

2）print(*objects, sep=' ', end='\n', file=sys.stdout)。

参数：objects 表示输出的对象，多个对象时用逗号分隔；sep 指定输出时不同对象间的间隔；end 设定结尾，默认值是换行符 \n，可以换成其他字符；file 指定要写入的文件对象。

形式：print(*objects, sep=' ', end='\n', file=sys.stdout)。

功能：输出字符和数字。

举例：print('python')，返回结果 python。

5. 字符与 ASCII 转换

1）chr(x)

参数：x 可以是 10 进制也可以是 16 进制的形式的数字。

形式：chr(x)。

功能：用一个范围在 0～255 内的整数作参数，返回当前整数对应的 ASCII 字符。

举例：chr(0x35)，返回结果'5'；chr(90)，返回结果'Z'。

2）ord(x)

参数：x 为一个字符。

形式：ord(x)。

功能：是 chr()函数的配对函数，以一个字符（长度为 1 的字符串）作为参数，返回对应的 ASCII 数值。

举例：ord('Z')，返回结果 90。

6. 其他函数

1）max(x, y, z, …)

参数：x,y,z 均为数值型数据。

形式：max(x, y, z, …)。

功能：返回给定参数的最大值。

举例：max(100,122,345)，返回结果 345。

2）min(x, y, z, ...)

参数：x,y,z 均为数值型数据。

形式：min(x, y, z, ...)。

功能：返回给定参数的最小值。

举例：min(100,122,345)，返回结果 100。

3）sorted(iterable, key=None, reverse=False)

参数：iterable 为可迭代对象;key 是用来进行比较的元素，只有一个参数，指定可迭代对象中的一个元素来进行排序；reverse 为排序规则，reverse = True 降序，reverse = False 升序（默认）。

形式：sorted(iterable, key=None, reverse=False)。

功能：对所有可迭代的对象进行排序操作。

举例：sorted([5, 0, 6, 1, 2, 7, 3, 4], reverse=True)，返回结果[7, 6, 5, 4, 3, 2, 1, 0]。

4）zip([iterable, ...])

参数：iterable 一个或多个迭代器。

形式：zip([iterable, ...])。

功能：将可迭代的对象作为参数，将对象中对应的元素打包成一个个元组，然后返回由这些元组组成的列表。

举例：a = [1,2,3],b=['x','y','z'],list(zip(a,b))，返回结果[(1, 'x'), (2, 'y'), (3, 'z')]。

5）reverse()

参数：无参数。

形式：list.reverse()。

功能：用于反向列表中元素。

举例：ls=[1,2,3,4,5],ls.reverse(),print(ls)，返回结果[5, 4, 3, 2, 1]。

6）eval(expression[, globals[, locals]])

参数：expression 为表达式；globals 为变量作用域，全局命名空间；locals 为变量作用域，局部命名空间。

形式：eval(expression[, globals[, locals]])。

功能：返回表达式计算结果。

举例：x=5,eval('3 * x')，返回结果 15。

7）isinstance(object, classinfo)

参数：object 为实例对象；classinfo 可以是直接或间接类名、基本类型或者由它们组成的元组。

形式：判断对象的类型与参数二的类型（classinfo）是否相同，相同则返回 True，否则返回 False。

举例：a = 1,isinstance (a,int)，返回结果 True；isinstance (a,str)，返回结果 False。

8）len(s)

参数：s 为对象，可以是字符、列表或者元组。

形式：len(s)。

功能：返回对象（字符、列表、元组等）长度或项目个数。

举例：len("python")，返回结果 6；len([1,2,3,4,5])，返回结果 5。

9）map(function, iterable, ...)

参数：function 为函数；iterable 为一个或多个序列。

形式：map(function, iterable, ...)。

功能：根据提供的函数对指定序列做映射。

举例：

```
def square(x):
    return x ** 2
print(list(map(square, [1,2,3,4,5])))
```

返回结果[1, 4, 9, 16, 25]。

10）type(object)

参数：object 实例对象。

形式：type(object)。

功能：返回对象类型。

举例：type("python")，返回结果<class 'str'>；type([1,2,3])，返回结果<class 'list'>；type(1)，返回结果<class 'int'>。

附录C Python运算符及优先级

Python 中的运算涉及数值运算、赋值运算、比较运算、成员运算、逻辑运算、身份运算、位运算等，每一种运算都有对应的运算符，而当多个运算符出现在一个表达式中，就会面临先执行哪个运算符、后执行哪个运算符的问题，这就是运算符的优先级问题，优先级越高的运算符在同一个表达式中则优先执行。如表 C-1 所示，是 Python 中的运算符及其优先级。

表 C-1 Python 中的运算符及其优先级

序号	运 算 符	描 述	结合性	例 子
1	( )	括号，运算优先级最高	无	y=a*(b−c)
2	x[i]	索引运算符或切片运算符	左	x[5] x[1:8:2]
3	**	幂运算	左	a**2
4	~	按位取反	右	~ a
5	+x、−x	正负号，符号运算符	右	+1、−2
6	*、/、%、//	乘法、除法、取余、整除	左	a*b/c a%b
7	+、−	加法、减法	左	a+b
8	<<、>>	移位	左	a<<2
9	&	按位与	右	a&b
10	^	按位异或	左	a^b
11	|	按位或	左	a|b
12	==、！=、>、>=、<、<=	比较运算符	左	a==b c>=d
13	is、is not	同一性测试运算符	左	a is b a is not c
14	in、not in	成员测试运算符	左	a in X b not in X
15	not	逻辑运算符，非运算	右	not a
16	and	逻辑运算符，与运算	左	a and b
17	or	逻辑运算符，或运算	左	a or b

表中的结合性，指的是当一个表达式中出现多个优先级相同的运算符时，如何选择先执行哪个变量的问题；先执行左边的变量叫做左结合性，先执行右边的变量叫做右结合性。

1. Python 算术运算符（见表 C-2）

表 C-2 算术运算符及其示例

运 算 符	描 述	例 子
+	加法，两个对象相加	3+2=5
−	减法，两个对象相减	3−2=1
*	乘法，两个对象相乘或者非数值对象重复	3*2=6

续表

运 算 符	描　　述	例　子
/	除法，运算符左侧对象除以右侧对象	3/2=1.5
%	取余	3%2=1
**	幂运算	3**2=9
//	整除，返回商的整数部分	3//2=1

2．Python 比较运算符（见表 C-3）

表 C-3　比较运算符及其示例

运 算 符	描　　述	例　子
==	等于，判断运算符两侧对象是否相等，若相等返回 True，不相等返回 False	（3==2）返回 False
!=	不等于，判断运算符两侧对象是否不相等，若不相等返回 True，相等返回 False	（3!=2）返回 True
>	大于运算符，返回运算符前对象是否大于后对象的逻辑结果	（3>2）返回 True
<	小于运算符，返回运算符前对象是否小于后对象的逻辑结果	（3<2）返回 False
>=	大于等于（在大于基础上包含等于）	（3>=2）返回 True
<=	小于等于（在小于基础上包含等于）	（3<=2）返回 False

3．Python 逻辑运算符（见表 C-4）

表 C-4　逻辑运算符及其示例

运算符	逻辑表达式	描　　述	例　子
and	a and b	与运算，若 a 为 False，则返回 False，否则返回 b 的值	（-10 and 20）返回-10
or	a or b	或运算，若 a 为非 0，则返回 a 的值，否则返回 b 的值	（-10 or 20）返回 20
not	not a	非运算，对象逻辑取反	（not 0）返回 True

4．Python 位运算符（见表 C-5）

表 C-5　位运算符及其示例

运算符	描　　述	例　子
&	按位与运算（二进制位对应运算）	（1010&1100）返回 1000
|	按位或运算	（1010 | 1100）返回 1110
^	按位异或运算	（1010^1100）返回 0110
~	按位取反运算符	（~1010）返回 0101
<<	左移运算符	10<<1=20
>>	右移运算符	10>>1=5

5．Python 成员运算符（见表 C-6）

表 C-6　成员运算符及其示例

运算符	描　　述	例　　子
in	确定运算符前的对象在运算符后的序列中，则返回 True，否则返回 False	12 in [12,13,14] 返回 True
not in	确定运算符前的对象不在运算符后的序列中，则返回 True，否则返回 False	12 not in [12,13,14] 返回 False

6．Python 身份运算符（见表 C-7）

表 C-7　身份运算符及其示例

运算符	描　　述	例　　子
is	判断两个标识符是否指向同一个对象	若 id(a)==id(b)则 a is b 返回 True，否则返回 False
is not	判断两个标识符是否指向不同的对象	若 id(a)!=id(b)则 a is not b 返回 True，否则返回 False

附录D　常用字符串方法

1. 字符串格式化——format

功能：format 用来格式化字符串。

格式："描述字符 xx{ }描述字符 xx{ }".format(参数列表)

返回值：格式化的字符串。

说明：

（1）字符串中包含两类数据：原样显示的描述字符和花括号 {} 括起来的替换域。

（2）字符串中的替换域{ }相当于占位符，用于显示参数列表中的对应参数的值。

（3）每个替换域都会被替换为对应参数的值。

（4）替换域与参数的对应方式有以下三种：

① 按顺序对应，例如：

```
>>>"姓名：{}，年龄：{}".format('张三',30)
'姓名：张三，年龄：30'
```

② 按索引对应，参数列表中参数索引从 0 开始编号。例如：

```
>>>"姓名：{0}，年龄：{1}".format("张三",30)
' 姓名：张三，年龄：30'
>>>"姓名{1}，年龄{0}".format("张三",30)
' 姓名：30，年龄：张三'
>>>"{0} {1}，{0}!".format('谢谢', '你')
'谢谢你,谢谢!'
```

③ 按参数名对应，例如：

```
>>>"姓名{name}，年龄{age}".format(name="张三",age=30)
```

（5）参数的个数必须等于或大于替换域{}的个数，否则会报错，例如：

```
>>>"姓名：{}，年龄：{}".format('张三')
SyntaxError: unexpected indent
>>>"姓名：{}，年龄：{}".format('张三',30,'女')    #参数'女'被忽略，不输出
'姓名：张三，年龄：30'
```

（6）在替换域中还可以使用格式限定符号。

① 使用格式：{<参数序号>:<格式控制>}.format(参数)。

② 冒号（：）右边是格式化符号（格式限定符）。

③ 格式控制符号包括：<填充><对齐><宽度>,<.精度><类型>6个可选字段，各个字段的功能如表 D-1 所示：

表 D-1　格式控制符号及其功能

<填充>	<对齐>	<宽度>	,	<.精度>	<类型>
用于填充的单个字符	< 左对齐 > 右对齐 ^ 居中对齐	指定输出宽度	数字的千位分隔符	浮点数小数部分的精度或字符串的最大输出长度	整数类型 b,c,d,o,x,X 浮点数类型 e,E,f,%

④ <填充>、<对齐>和<宽度>用于设置显示格式，如果字符宽度小于指定宽度，默认增加

空格达到指定宽度，如果字符宽度大于指定宽度，则完整输出字符。填充默认使用空格字符，填充字符只能一个，对齐方式默认是左对齐。例如：

```
>>>s="中国梦"
>>>"{:*>10}".format(s)  #右对齐，不足用'*'字符填充，汉字占1个字符宽度
'*******中国梦'
```

⑤ <.精度>由小数点（.）开头，对于浮点数，精度表示小数部分输出的有效位数。对于字符串，精度表示输出的最大长度。例如：

```
>>>"{:.2f}".format(3.1415926)          #左对齐，保留2位小数
'3.14'
>>>"{:>10.3f}".format(3.1415926)       #右对齐，宽度为10，保留3位小数
'     3.142'                            #3前面有5个空格
>>>"{:>2f}".format(3.141592)           #指定输出宽度2，小于数据实际宽度
'3.141592'
```

⑥ <.精度>也可以用于字符串的截取，例如：

```
>>>{:.5}'.format('Hello welcome') # 截取前5个字符
hello
```

2．字符串分隔——split

功能：字符串分隔。

格式：str.split(分隔符, 分隔次数[n])。

返回值：列表。

说明：

（1）分隔符默认为所有的空字符，包括空格、换行(\n)、制表符(\t)等。

（2）分隔符可以是单个字符也可以是多个字符构成的串。

（3）分隔次数的默认值为–1，即分隔所有。如果给定参数 num，则分隔成 num+1 个子串，[n]:表示选取结果中的第 n 个子串，n 代表返回列表中元素的索引，是 0 开始的整数。

示例：

```
>>>s="   welcome  to  china "
>>>s.split()
['welcome', 'to', 'china']
>>>txt = "welcome*to*china"
>>>txt.split("*", 1)
['welcome', 'to*china']
>>>name="welcome**to**china"
>>>txt.split("**",2[2])
'china'
```

3．统计字符出现次数——count

功能：用于统计字符串里某个字符出现的次数。

格式：count(substr, start= 0,end=len(string))。

返回值：子串在原字符串中出现的次数。

说明：

（1）sub：要搜索的子串。

（2）start：搜索的开始位置。默认值为 0，即从第一个字符开始。

（3）end：搜索的结束位置。默认为字符串的最后一个位置。

示例：

```
>>>txt="abcadefehab"
>>>txt.count('a')
3
>>>txt.count('ab')
2
```

4. 字符串连接——join

功能：字符串、元组、列表中的元素以指定的字符(分隔符)连接生成一个新的字符串。

格式：'sep'.join(seq)。

返回值：以分隔符 sep 连接 seq 中各个元素后构成的字符串。

说明：

（1）sep：分隔符，可以为空。

（2）seq：要连接的字符串、列表和元组等可迭代对象。

（3）要连接的可迭代对象中的元素值必须是字符串型。

示例：

```
>>>'*'.join("abc")
a*b*c
>>>"*".join(['1','2','3'])
1*2*3
>>>"*".join([1,2,3])   #该行命令执行后，会显示如下出错信息
Traceback (most recent call last):
  File "<pyshell#48>", line 1, in <module>
    "*".join(a)
TypeError: sequence item 0: expected str instance, int found
```

5. 去除指定字符——strip

功能：去除字符串开头和结尾指定单个字符或字符序列。

格式：strip(seq)。

返回值：去除指定字符后得到的字符串。

说明：

（1）如果没有指定要删除的字符，默认是删除开头和结尾的空白字符（例如：/n, /r, /t, ' '）。

（2）如果指定了参数 seq，可以理解为要删除字符的列表。

（3）删除多个字符时，只要头尾的字符在参数 seq 中有就会删除，不考虑顺序，直到遇到第一个不包含在 seq 中的字符为止。

（4）方法 lstrip()和 rstrip()分别是只从左侧和只从右侧删除，使用方法与 strip()类似。

示例：

```
>>>str1=" \t \n anc defg \n "
>>>str1.split()  #去除str1中头和尾部的空白符
anc defg
>>>str2="123124512"
>>>str2.strip("12")
'31245'
```

在 str2 中去除"12"的过程为：先从开头搜索，遇到'1'在待删除的字符序列中，删除，又遇到'2'也删除，当遇到'3'不在待删除的字符序列中，停止从前面开始的删除操作，再从尾部开始搜索有无要删除的字符，当遇到'5'不在待删除的字符序列中，停止从尾部开始的删除操作，输出结果。

6. 填充与对齐

1）center：居中对齐

功能：使用指定的字符作为填充字符使字符串居中对齐。

格式：center (width[, fillchar])。

返回值：使用 fillchar 填充，长度为 width 的字符串。

2）ljust：左对齐

功能：使用指定的字符作为填充字符使字符串左对齐。

格式：ljust (width[, fillchar])。

返回值：使用 fillchar 填充，长度为 width 的字符串。

3）rjust：右对齐

功能：使用指定的字符作为填充字符使字符串右对齐。

格式：rjust (width[, fillchar])。

返回值：使用 fillchar 填充，长度为 width 的字符串。

说明：

（1）fllchar 为可选参数，默认为空格。

（2）如果 width 小于字符串的长度，则无法填充，直接返回字符串本身。

示例：

```
>>> "ab".center(10,"*")
'****ab****'
>>> "abcdefg".center(5,"*")
'abcdefg'
>>>"ab".ljust(10,"*")
'ab********'
>>>"abcdefg".ljust(5,"*")
'abcdefg'
>>>'ab'.rjust(10,"*")
'********ab'
>>>'abcdefg'.rjust(5,"*")
'abcdefg'
```

7. 查找和替换

- find('x')：找到这个字符返回下标，多个时返回第一个；不存在的字符返回–1。
- index('x')：找到这个字符返回下标，多个时返回第一个；不存在的字符报错。
- replace(oldstr, newstr)：用 newstr 字符串替换 oldstr。

8. 判断方法

```
startswith(prefix[,start[,end]])    #是否以prefix开头
endswith(suffix[,start[,end]])      #以suffix结尾
isalnum()                           #是否全是字母和数字，并至少有一个字符
isalpha()                           #是否全是字母，并至少有一个字符
isdigit()                           #是否全是数字，并至少有一个字符
isspace()                           #是否全是空白字符，并至少有一个字符
islower()                           #是否全部是小写
isupper()                           #S是否全部是大写
istitle()                           #是否首字母大写
isdedecimal                         #是否只包含十进制数字字符
isnumeric()                         #是否只包含数字字符
```

9. 大小写转换

```
lower()        #全部转换为小写
upper()        #全部转换为大写
capitalize()   #转换为首字母大写，其他字母小写
title()        #转换为各单词首字母大写
swapcase()     #大小写互换（大写→小写，小写→大写）
casefold()     #转换为大小写无关字符串比较的格式字符串
```

附录E　GUI组件属性

表 E-1　组件通用属性

选　项	参 数 描 述
foreground(fg)	前景色，可以使用十六进制数（例如'#fff'）表示颜色，或者直接用标准颜色（例如'white'）表达
background(bg)	背景色，表示方式与前景色一样
borderwidth(bd)	组件外围 3D 边界的宽度
font	通过(<字体>,<字号>)设置文本的字体字号
width	组件每行显示字符的个数
relief	组件风格，可以是'flat'、'raised'、'sunken'、'groove'、'ridge'、'solid'
takefocus	设置焦点，可选值 0,1
highlightcolor	组件有焦点时的颜色

表 E-2　标签组件选项

选　项	参 数 描 述
text	设置标签显示的文本内容，若为多行文本，可以使用'\n'分隔
height	标签显示文本的行数，如果不指定，标签按照文本内容自动适应
bitmap	在标签上显示位图
anchor	指定文本起始位置，可选值有'center'(默认值)、'n'、's'、'w'、'e'、'ne'、'nw'、'sw'以及'se'，e、s、w、n 是东南西北英文的首字母
Image	在标签上显示图
compound	指定文本与图像在标签上的显示位置，可选值有'left'：图像居左，'right'：图像居右，'top'：图像居上，'bottom'：图像居下，'center'：文字覆盖在图像上
state	指定标签的状态，默认值是 'normal'。还可以设置 'active' 或 'disabled'
cursor	指定鼠标指针经过标签的时候，鼠标指针的样式，可选值为'arrow'、'man'、'pencil'、'top_left_arrow'，默认由系统指定
textvariable	设置文本变量
activebackground	当标签处于活动状态（通过 state 选项设置状态），显示的背景颜色
activeforeground	当标签处于活动状态（通过 state 选项设置状态），显示的前景颜色

表 E-3　按钮组件选项

选　项	参 数 描 述
text	设置按钮显示的文本内容
underline	文本下画线，默认没有，值为正时文本有下画线
command	按下按钮时调用的函数或者方法
height	按钮显示文本的行数或者图像的高度（像素数）
bitmap	在按钮上显示位图
Image	在按钮上显示图像

选　项	参 数 描 述
Anchor	指定文本起始位置，可选值有'center' (默认值)、'n'、's'、'w'、'e'、'ne'、'nw'、'sw'以及'se'，e、s、w、n是东南西北英文的首字母
cursor	指定鼠标指针的样式，可选值为'arrow'、'man'、'pencil'、'top_left_arrow'，默认由系统指定
default	值包括'normal'(默认值)以及'disabled'(按下无响应)
textvariable	设置文本变量

表 E-4　输入框组件选项

选　项	参 数 描 述
cursor	指定鼠标指针的样式，可选值为'arrow'、'man'、'pencil'、'top_left_arrow'，默认由系统指定
state	指定输入框的状态，值可以是 'disabled' (禁止输入)、 'active' (允许输入) 或 'readonly' (只读信息)
show	默认情况下输入内容会直接显示，如果 show='*'，可实现加密，输入内容以*显示
disabledbackground	当输入框的 state='disabled'时，显示的背景颜色
disabledforeground	当输入框的 state='disabled'时，显示的前景颜色
exportselection	值为 1 时，自动复制选择的输入框信息；平时可以设置为 0
justify	字符串对齐方式，有'left'、'right'以及'center'几种选项
insertbackground	在输入框中插入文本时光标的颜色，默认颜色为黑色
insertborderwidth	在输入框中插入文本时光标的边缘宽度
insertwidth	在输入框中插入文本时光标的宽度
xscrollcommand	设置水平方向滚动条，在用户输入的文本框内容宽度大于文本框显示的宽度时使用
textvariable	使用 textvariable 将变量与 Entry 绑定，可以在 Entry 中设定初始值

附录F   Matplot相关函数参数

表 F-1   plot()函数表示颜色字符参数

字　符	颜　色	字　符	颜　色
'b'	蓝色，blue	'm'	品红，magenta
'g'	绿色，green	'y'	黄色，yellow
'r'	红色，red	'k'	黑色，black
'c'	青色，cyan	'w'	白色，white

表 F-2   plot()函数表示类型字符参数

字　符	描　述	字　符	描　述
'-'	实线样式	'3'	左箭头标记
'--'	短横线样式	'4'	右箭头标记
'-.'	点画线样式	's'	正方形标记
':'	虚线样式	'p'	五边形标记
'.'	点标记	'*'	星形标记
','	像素标记	'h'	六边形标记 1
'o'	圆标记	'H'	六边形标记 2
'v'	倒三角标记	'+'	加号标记
'^'	正三角标记	'x'	X 标记
'<'	左三角标记	'D'	菱形标记
'>'	右三角标记	'd'	窄菱形标记
'1'	下箭头标记	'|'	竖直线标记
'2'	上箭头标记	'_'	水平线标记

表 F-3   bar()函数属性参数

字　符	描　述
left	x 轴
height	柱形图的高度，也就是 y 轴的数值
alpha	柱形图的颜色透明度
width	柱形图的宽度
color（facecolor）	柱形图填充的颜色
edgecolor	图形边缘颜色
label	解释每个图像代表的含义
linewidth（linewidths / lw）	边缘或线的宽度

表 F-4　scatter()函数属性参数

字　　符	描　　述
x	指定 X 轴数据
y	指定 Y 轴数据
s	指定散点的大小
c	指定散点的颜色
alpha	指定散点的透明度
linewidths	指定散点边框线的宽度
edgecolors	指定散点边框的颜色
marker	指定散点的图形样式
cmap	指定散点的颜色映射，会使用不同的颜色来区分散点的值